生活文化史選書

猪の文化史　考古編

発掘資料などからみた猪の姿

新津　健　著

はじめに――今なにが起きているのか？

二〇〇七年（平成十九）三月一日、気象庁はこの冬の天候のまとめ（十二月～二月）を発表した。三月二日付けの山梨日日新聞ではこのことにふれ、「観測史上トップ級の暖冬」という見出しでこの年の記録的暖冬を報じていた。詳しい内容について同紙を参照すると、平均気温については全国百五十三ヶ所の観測地点のうち、東京、大阪、仙台、甲府など七十五地点で観測史上最高を測り、過去三位以内の暖かさまでをカウントすると実に全体の約七十八パーセントの地点が含まれるという。また長期的な気候変動監視の拠点となっている長野など十七地点の冬の平均気温は平年を一・五二度上回っており、甲府の今冬の平均気温は五・七度で平年比二・一二度も高くなっていることも記されている。このような全国的な暖冬傾向の中で、日本海地域の豪雪地帯でも雪に閉じ込められたという報道もなく、スキー場も雪不足であり、早くも営業を終えるという施設も多い。ちなみに期間中の降雪量は、秋田で平年の二十一パーセント（七十二ミリ）、青森が四十二パーセント（二百六十三ミリ）という少なさである。このことから冬期には営業を休止するゴルフ場では、青森においてさえ一月でもプレーできたという。

このような気象条件は動植物の生態にも大きな影響を及ぼすようだ。冬眠しない熊。そんな新聞報道もあった。これも暖冬の影響ということが指摘されていた。熊といえば二〇〇六年の秋から冬にかけては、人里にあらわれ柿の木に登ったり家の中にまで入り込んだという事例も多く、各地に「熊対策」が求められた年でもあった。一つには山のみのりの不作が原因とされている。夏場での気温や降雨の状況、このような微妙な気象のずれが秋のみのりを左右し、冬場での雪の多寡や気温の変化が動物たちの行動に影響を及ぼすという、自然の中で育まれている生態系の脆いほどのあやうさ、バランスの微妙さに改めて気付くという年でもあった。

このような変異とともに、この二〇〇六年は春から冬場にかけて猪が人里にて目に付く機会の多い年でもあった。「商店街を疾走」、「車と接触」、「電車に轢かれた猪」、「猪人を襲う」などの新聞記事も記憶に残る。特に四月から六月、ウリボウが保護されたという事例も複数みられた。中でも四月二十六日付け朝日新聞紙上で報道された「イノシシ赤ちゃん六匹元気」は実に印象的であった。記事によると山すその町の側溝にいるのを発見した住民が県立の鳥獣保護センターに保護をお願いしたもので、母猪から置いてきぼりされたらしいということであるが、猪の多産を裏づけるデータとしても貴重である。私も鳥獣保護センターを尋ねて見学させていただいたが、職員によるミルクの授乳や手厚い世話により、みな元気に育っていた。その後も二度ほどセンターを訪れたが、その都度新たに保護されたウリボウが別のオリで養われていた（写真1）。いずれも親猪とはぐれたとのこと。こうして保護され、一時的にではあれ飼養されたウリボウたち。元気になれば山に戻されるという。

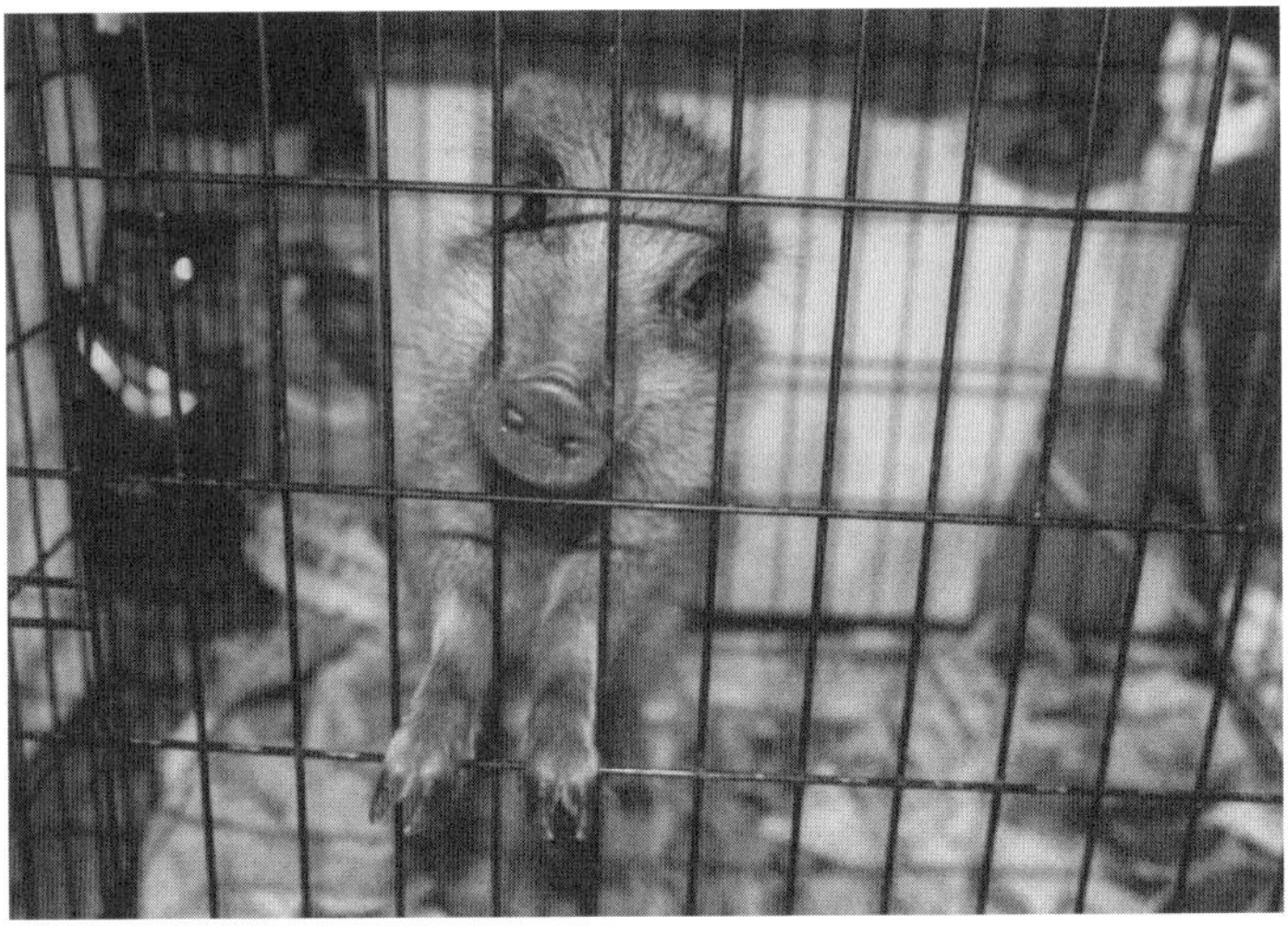

写真1　保護されたウリボウ

人里に出てくる猪の群れ。さらに興味深いことは続く。神奈川県境に近い山梨県道志村に住む渡辺新平さんが、一年前の春に保護した子猪のこと。やがて大きくなり、冬には山へ帰ったが、この春再び渡辺さんの家に戻ってきた。それがなんとお腹が大きくなっており、やがて六匹を出産。母子ともども元気に育っているという。六月三十日付けの山梨日日新聞での報道であった。大変興味深いことであったことから、渡辺さんのお宅に伺い、猪をみせてもらうとともにその経過についてお話しを伺ったところ次のようなことであった。

昨年（二〇〇五年）、側溝に置き去りにされていたウリボウを見つけた渡辺さん。本来の動物好きもあって、この子猪を飼うことに決め「はな子」と名付けた。はじめは牛乳を注射器にて授乳、やがて一日一リットルパック三本を飲むようになる。半年くらい経つころからイモ、ご飯、野菜、葛葉の芽などを与えるようになった。風呂にも一緒に入り、洗ってあげたという。もちろん風呂の順番は家族が入った一番最後。人間の赤ちゃんなら首根っこを手の平で支えて湯に浮かべるが、ウリボウの場合は顎を支えればそのまま浮いているとのこと。座敷にも上げたりしていたが、夜はいつのまにか娘さんの布団の中に寝ていたなんてこともあったそうだ。

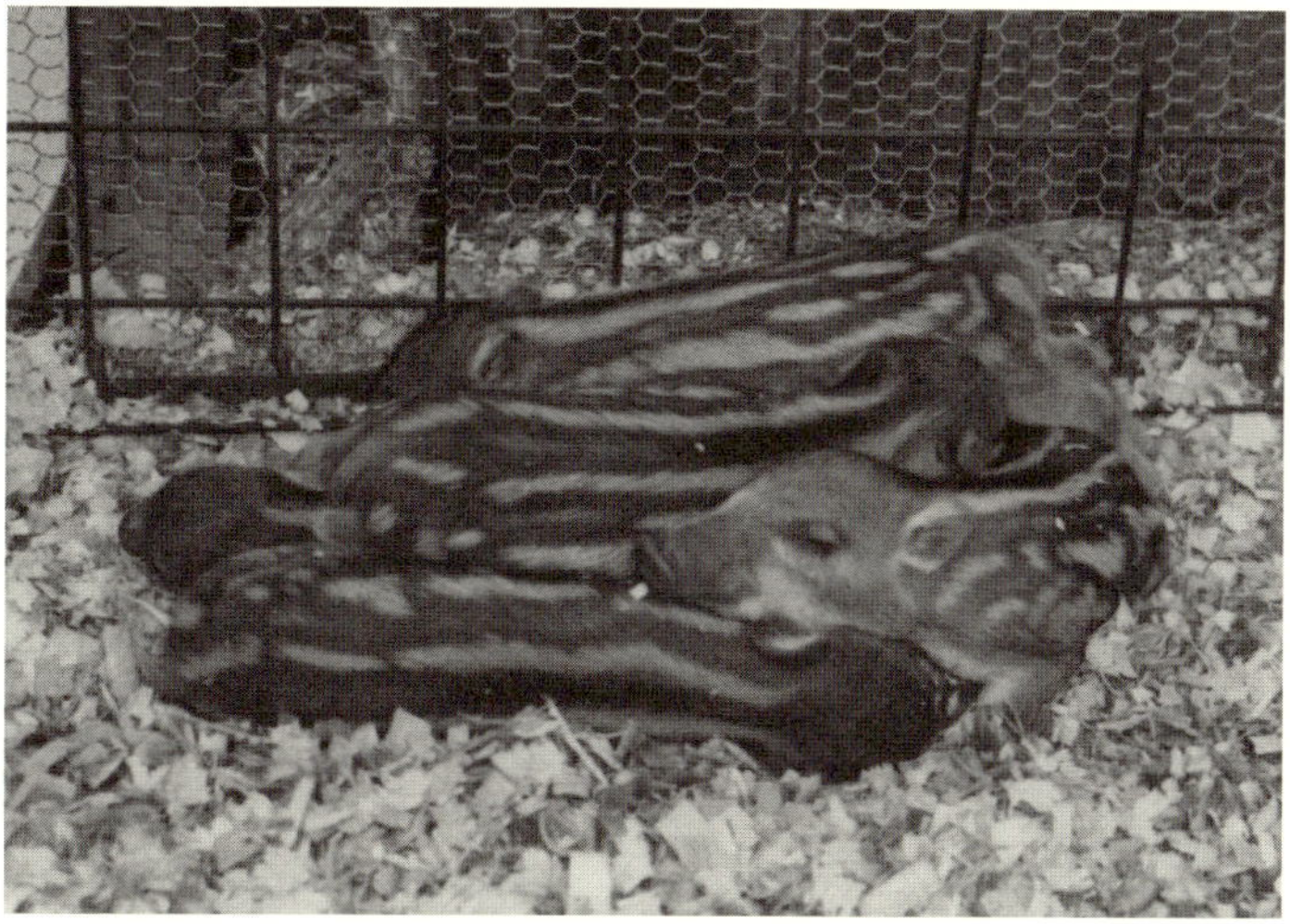

写真２　はな子のこどもたち

秋の終わりから十二月の時分、その頃からは朝食あるいは昼食を食べ終わると裏山に入っていき、夕方になると帰ってきて小屋で寝るという日課となった。そんな生活を続けていたが、二月頃いつものように山に出かけた「はな子」。でもそのまま帰って来なかった。ああ、とうとう山へ帰ったのかと、ホッとした気持ちになったが、反面では寂しさが込み上げてきた渡辺さん。

ところが、暖かくなった五月頃、なんと一回り大きく成長した「はな子」が帰ってきたではないか。しかもお腹が大きくなって。

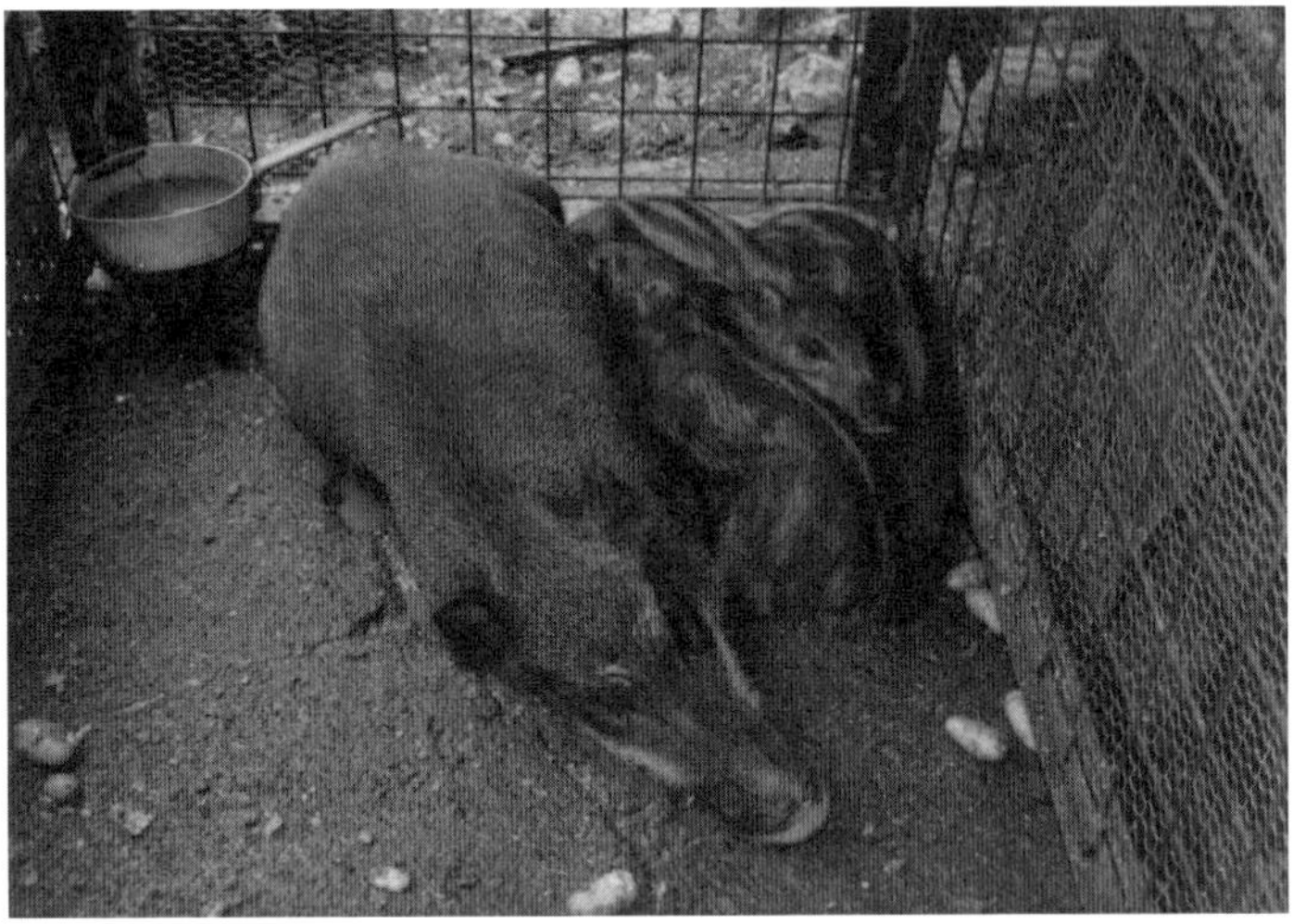

写真３　はな子に寄り添うウリボウ

やがて六月十九日に出産、メス四匹、オス二匹の合計六匹であった。生まれた子猪は、大きさ十五センチ程度の小さいものであったが、半月ほどで倍位には成長した。

「はな子」の母親ぶりも大したもので、出産前は寝るときは一度に倒れ込むようなやり方であったものが、出産後は一旦足を折ってうつ伏せになり、その後に横になるという子供に配慮した仕草に変わっていった。

こんなお話しを渡辺さんから伺ったのは七月の初めの頃。本当にウリボウという名前にふさわしい縦スジの入ったかわいらしい子猪（写真２）であった。次に渡辺さん宅をお伺いしたのは八月下旬。六匹いたウリボウのうち三匹はすでに里子として引き取られており、残った三匹が「はな子」に寄り添っていた（写真３）。体長も六十センチ位と逞しさを増していた。ちなみに「はな子」は一メートルほど。でも太さといい毛並みといい、実に貫禄十分。渡辺さんの心のこもった飼養が現われていた。

獰猛にも思われる猪。でもウリボウのかわいらしさ。そしてその人への慣れやすさ。野生動物から家畜への道程。そんな動物と人とのかかわりの歴史を考える手だてもこんなところにヒントがあるのではないか。特に、餌を食べたあと山に入り、夕方は飼育先に戻ってくる。さらには、自然の山中にて野生の雄の子種を宿し、飼養されていた安全な場所に戻って出産するという驚くべき柔軟性。猪が豚として飼われはじめる経緯をみることができるのではないか。

縄文時代の遺跡から出土する猪の骨や土製品をとおして、縄文時代における猪飼育問題は大きな課題として論争の対象ともなっている。この中で、半飼育という考え方もある。渡辺さんが養っている「はな子」は、このような問題を考える上で大変参考になるのではないだろうか。

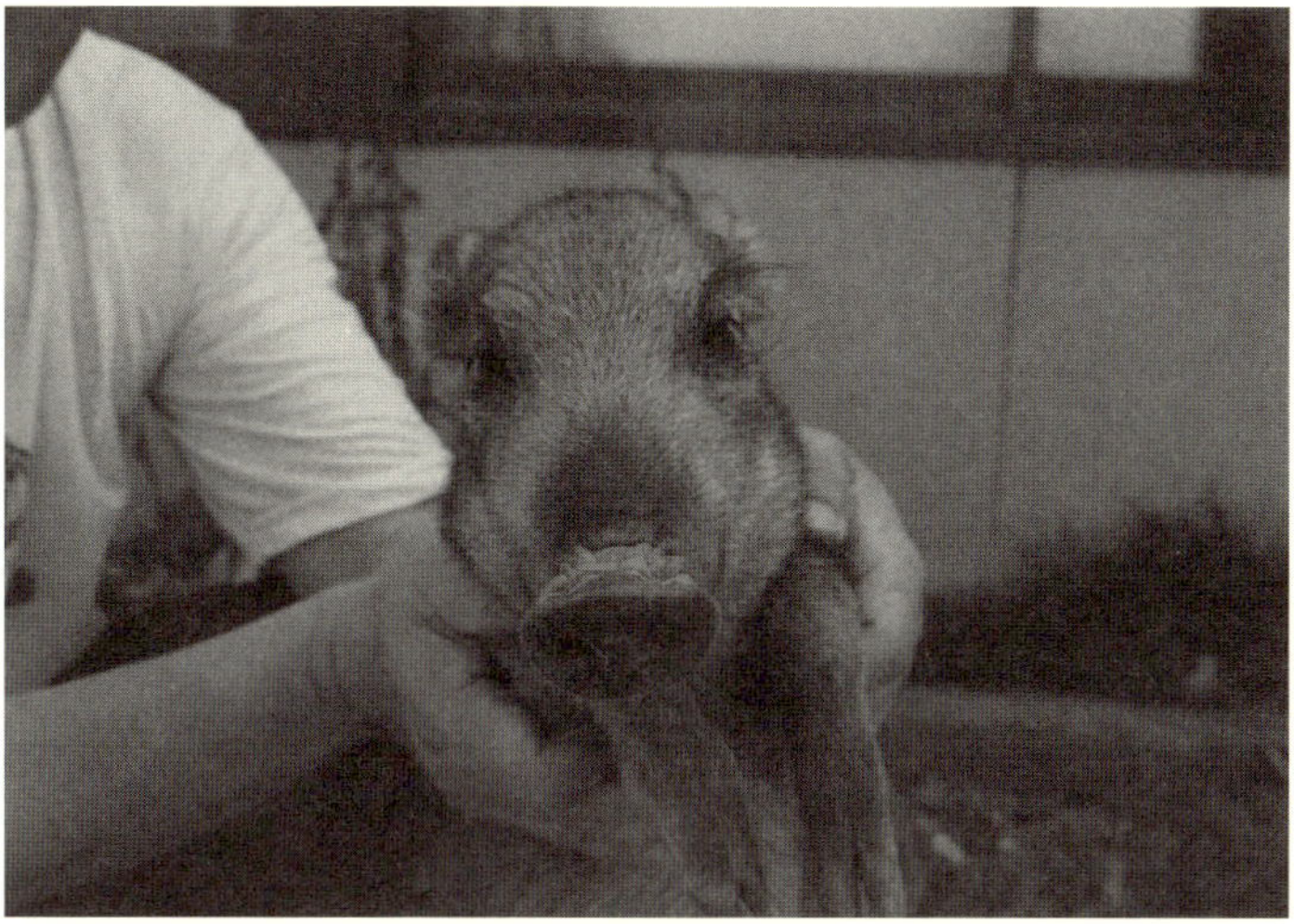
写真４　小野家のイーちゃん

この年のウリボウ保護の事例はまだ続く。小野正文さんは縄文時代の研究でよく知られる考古学者であるが、その小野さんは自宅に現われた野生のウリボウの餌付けに成功し、なんとその飼養をはじめたという驚くべき経験をもつ方でもある。小野さんの自宅は、甲州市塩山の標高六百メートル近い農村にあり、周辺には果樹畑や水田が広がっている。その自宅裏の畑に出現したウリボウに気づいた娘さんが餌付けを試み、成功した結果、犬や猫の先輩のいる小野家の一員として仲間に入ったのである（写真４）。私が小野家を訪れたのは八月下旬であった。小野さんが呼ぶと、子猪がなんと豚のような「ブヒーブヒー」という鳴き声とともに裏の畑から現われ、こちらに寄ってくるではないか。これは家畜そのもの。でも庭先の土を鼻ですくい上げ、ミミズやら虫やらをとっていく姿はやはり野生の趣を漂わせている。体長は六十センチ位、背中のウリ模様はかなり薄くなっていた。小野さんがお腹をさすると横になり、気持ち良さそうに目を細めるその姿は全く犬などの愛玩動物と変わらない。

ここにも、人になつきやすい猪の性格が表われている。奥さんや娘さんにも説得され、オス猪なれどこのウリボウに「イーちゃん」と名付け飼養することに決めた小野さん。縄文の研究者である小野さんが猪を飼うこと、そこに猪飼育に関わる問題解決にむけて大いなる期待がよせられたのである。しかし残念なことに「イーちゃん」、皮膚病が悪化した十一月に短い生涯を閉じてしまった。でもこの間続けられた、小野さんの飼養観察は大変貴重なウリボウの生態記録となった（小野二〇〇七）。

　このようにウリボウが保護される事例が多いこと。これはそのまま猪の群れが人里に現われることを意味する。突き詰めれば、猪の生息域が里山や山際の耕作地一帯を含んでいることになる。猪個体数が増加することにより、重なり合ったそれぞれの領域にて人と猪とが接触する機会は当然増えることになる。その結果、人の立場からすると農作物への被害増大という現象へと展開する。山梨にて猪被害が目立ってきたのは、聞き取り調査によるとここ十五年から二十年である。ちょうど昭和の終わりから平成が始まる頃のこと。私たちが子供であった昭和三十年代にはそんな話は殆ど聞かなかったのに。近年の猪被害は山梨のみならず各地で報じられている出来事でもある。

　一体、山では何が起こっているのだろうか？

　今、猪が殆ど生息しない東北北部や北陸方面。しかし猪をかたどった土製品や埋葬された個体、それに食料残滓としての骨や歯などの出土事例から、縄文時代にはこれらの地域にて猪が生息していたことが推測できる。さらに降って江戸時代中頃、東北八戸藩では「猪飢饉《いのししけがち》」と呼ばれた猪の被害による飢饉が発生した経過もある。積雪や気温などの気象条件、山地の植物相、人間が行なう開墾や開発など、さまざまな要因の組み合わせが、猪を始めとした鹿や熊などの動物相の増減に影響があるという。

　今、山では一体何が起こっているのであろうか？

　こんな疑問に始まり、猪と人との関係を考古資料や歴史史料から探ってみたいというのが本書を書こうとしたきっかけである。資史料を集めてみると、人と猪との関係はなんと深くそして長いことか。さらにこのかかわりあいはこれからどうなっていくのか。そのようなことについて、縄文時代から現在まで綴ってみたいというのが、本書の目的である。

目次

はじめに――今なにが起きているのか？ …… 1

第一部　人とのつきあいの始まり――縄文の猪――

第一章　猪造形を追って

一　土器を飾りはじめた猪 …… 13
二　神となった動物たち …… 23
（一）猪、再び土器へ …… 23
（二）土器に描かれた物語り …… 26
（三）猪形土製品の世界 …… 51
（四）後期の土器に付く猪 …… 69

第二章　猪の埋葬、そして祈り

一　埋葬された猪 …… 77
二　焼かれた猪 …… 86
三　埋納された猪 …… 93
四　猪に込められた祈りと願い …… 97
五　猪への祈りのまとめ …… 107

第三章　猪の飼育・飼養問題について

一　飼養への道筋 …… 111
二　猪がやってきた …… 114

第二部　古代文化をいろどる猪――弥生から古墳、そして歴史時代へ――

第一章　弥生の猪
一　縄文の神から弥生の祈りへ……123
（一）弥生の猪――野生種と豚――……123
（二）猪類の儀礼と目的……125
二　銅鐸の猪……131
（一）銅鐸絵画……131
（二）描かれた猪と鹿の意味……134
第二章　埴輪の猪――王の狩り――
一　狩猟埴輪の構成とその意味……139
二　王の狩り――その残照――……155
第三章　古代から中世へ――文献から探る猪――
一　古典にみる猪……159
二　薬用・祭祀用としての猪類……161
三　食用としての猪・豚……167
考古編の最後に……173
参考文献……176
図版出典……184

第一部　人とのつきあいの始まり——縄文の猪——

第一章　猪造形を追って

一　土器を飾りはじめた猪

一万年を超えるほどの長い間続いた縄文時代、その始まりは今からおよそ一万三千年ほど前のこととされている。最新の測定と研究ではさらに二千年から三千年ほど遡るという成果も発表されている。そのような一万年以上も前のこと、人は土をこねて器《うつわ》を作り火で焼き上げ「土器」という道具を作りはじめた。人類史上きわめて重大な発明である。食料の幅を限りなく広げることのできる革命でもあった。土器を持つことにより、人の文化は豊かになった。

世界史の上からみて、土器が作られはじめた場所や年代についてはいくつかの考えがあり、まだ定まってはいない。シベリアから中国にかけての東アジアにその起源を求める説や、西アジアも含めたより広い地域内での可能性をみる説などがある。これらの地域の中でも日本の縄文土器はとりわけ古い年代が導き出されており、世界史的にみても土器の起源に近い時代のものとみられている。かつて芹沢長介氏は「日本をふくむアジアの或る地域において、採捕生活のなかから必要に応じて土器がうみだされたものであろう」と述べた（芹沢一九六八）。日本をはじめとしてシベリアや中国にて、早い段階の土器がさらに確認されつつある現在、この言葉には一層重い意味が含まれていると言えよう。

日本最古級の土器の一つに「隆線文土器」という、粘土紐がミミズバレ状に張り付けられた文様の、底が丸い形の土器がある。この土器は九州から東北まで広く発見されているが、土器の下半部が特に火を受けていたり内部におこげが付いたりしているものがあり、煮炊きに使われたことは明らかである。その煮炊きの対象の一つとして、そのままでは食べられないドングリ類のあく抜きのための煮沸に用いられたという見解がある（渡辺一九八七）。土器が作られはじめた頃を一万三千年前とすると、その時期は氷河時代もおわりをつげ、徐々に暖かくなっていった頃でもある。このような温暖化に伴って、ドングリを実らす落葉広葉樹林が広がっていくことになる。渋味が強いながらも豊富に実るこれらの木の実。その強いアクも煮沸することにより苦味がなくなり、貴重な食料に変えていくことができる。土器の製作は、人々の食生活の幅を一気に広げた。以後現在にいたるまで、容器により煮炊きが行なわれていること から、土器の発明が人類史上の革命ともいわれる理由である。温暖化に伴う植生の変化、それを契機とした土器の発生。大変魅力ある考え方である。

一方、シベリアなどの東北アジアからも古い段階の土器が出土している。この方面では植物性食料のアク抜きのために土器が用いられたという考え方は通用しない。このような地域については、獣の脂肪を抽出したり、河川や湖沼などの内陸水面に生息する魚類の油を採るための煮沸用具として、土器が必要となった可能性も考えられている（梶原一九九八）。

さらに最新の研究では、冒頭でもふれたように、我が国での土器の起源は一万五千年から一万六千年までも遡るという成果がある（小林謙一二〇〇八、工藤二〇〇九）。この頃は氷河期から続く寒冷な気候であり、まだ針葉樹が生い茂る環境であった。となれば、やはり堅果類のアク抜きのために土器が作られはじめたということにはならない。食べ物の加工なのか、動物性の油脂をとるためであったのか、あるいは別の意味があったのか。大変重要な課題でもある。ともあれ自然環境と人の生活との結び付きが、土器の発明をもたらしたことは言うまでもない。その要因については、やはり土器が作られはじめたそれぞれの地域での食料獲得の方法や環境を考えながら、説き明かしていくことが大切であろう。

なお日本列島についていえば、たとえ土器の発生が遡ったとしても、温暖化により堅果類が豊富に実りはじめた頃に土器作りがいっそう盛んになり、以後さまざまな形の土器や装飾豊かな土器へと発達していったことは確かと思われる。

　こうして発達しはじめた縄文土器。それを一万三千年ほど前として、そこから七千年余りという長い時が過ぎた頃のこと。縄文前期後半、関東地方を中心に「諸磯《もろいそ》b式」と呼ばれる土器が作られた時代を迎える。この時期、初めて猪の顔を表現した飾りが土器に付けられた。猪装飾の開始である。

「諸磯式」土器というのは、神奈川県三浦市にある諸磯貝塚から出土した土器を標識として名付けられた土器のことで、文様や器形の特徴からa・b・cの三段階に分類されている。

　ここで簡単に土器の時代を表わす名称についてふれておくことにしよう。このような名称を考古学の立場では「型式名」という。型式名は時代や時期を表わすとともに、その土器が分布する地域をも表わすことができる。というのも、縄文人は自分達が生きたその時代および地域にあって、共通した器形や文様の土器を作り、そして使っていたことが確認できるからである。つまり土器を観察することにより、その土器が使われていた時代とその範囲がわかることになる。この範囲こそが、信仰や生活様相が共通したいわば同一の文化圏なのだ。土器の「型式名」は、その土器が出土した遺跡名から名付けられる場合や土器の形とか文様の特徴から名付けられる場合などがある。「諸磯b式」は、遺跡の名前が付けられた型式名である。前に土器が作られはじめた頃の土器として「隆線文土器」という名前をあげたが、これは文様が型式名となったものである。また東北地方の前期から中期の土器には「円筒土器」という名称が用いられるが、これは土器の形に由来する例である。一般には、標識となる遺跡名が付けられる場合が多く、本書でこれから登場する型式名の多くがこれにあたっている。この型式名がつけられた背景には、大勢の考古学者による長い研究の歴史がある。

　さて、話を元にもどして猪装飾にふれることにしよう。今からおよそ五千五百年ほど前（最新の研究段階では六千年ほど前）の縄文時代前期後半。諸磯b式土器の時代。この深鉢形土器の口縁部に獣面把手ともいわれる動物の顔が付けられた。その動物は、鼻や耳などの特徴から猪がモデルになったものと考えられる。群馬県西部の安中市に中野谷《なかのや》

写真５　イノシシがいっぱい（群馬県中野谷松原遺跡）
（小川忠博氏撮影、安中市教育委員会所蔵・提供）

松原《まつばら》遺跡という、この時代の住居が数多く発掘された遺跡がある。西方に妙義山を望むことができる遺跡であり、ここからは破片も含めなんと百三十個を数える猪装飾が出土している（大工原一九九八）。写真５に掲げた猪たち。たのしげな顔が並ぶ。大きく丸い吻端に二つ小さく並んだ鼻の孔。その下に横一文字に結んだ口。さらに弧を描いて斜め上方に飛び出す耳とその中に描かれた目。これらが一体となった造形は明らかに正面からみた猪の顔に他ならない。このような顔が土器の縁の部分から飛び出しているのだが、個々の表現はさまざま。笑みを浮かべたかわいらしいもの、鼻息荒く目も大きくあけじっと見つめるもの、鼻筋のとおった凛々しい顔つき、まぶたをはらした愛敬もの、極端に頭が突きあがったもの、などなどいろんな表情の造形。でも立派な豚鼻状の造形は共通しており、猪を表現したことはまちがいない。完全な形の土器は少ないものの、やや波状になった土器の縁の高い部分四ヶ所にこれらの猪顔が付けられていたことがわかる。土器をどの方向からみても猪の正面をみることができるような配置でもある。調査報告書の作成にかかわった群馬県埋蔵文化財調査事業団の関根慎二氏は、この遺跡の猪装飾を詳しく観察し、第1図に示したように1類から6類への変遷を考えた（関根二〇〇三）。猪装飾の始まりが1類であり、2類・3類を経て、4類から6類へと変化していくという流れである。同じ諸磯b式土器といっても、実は古い段階から新しい段階までは数十年の時間幅があり、土器を飾る文様もその間に微妙に変化することになる。猪装飾についてもまずその出現期が1類であり、最も立体的かつリアルに表現される2類・3類を経て6類にまで至るという時間的な変化がとらえられた。5類や6類ではもはや猪というイメージは殆どない。この段階の土器を作った人たちには、猪を付けるという考えはなく、かつて猪装飾を付けたその場所に、意味はわからないもののなんらかの飾りを付けることのみが踏襲されたのであろう。このような5類や6類に対して、2類や3類は実にリアルな表現であり、土器を作った人は猪を実際に目のあたりにしていたと思われる。但し微妙な表現については作為的なところも多い。

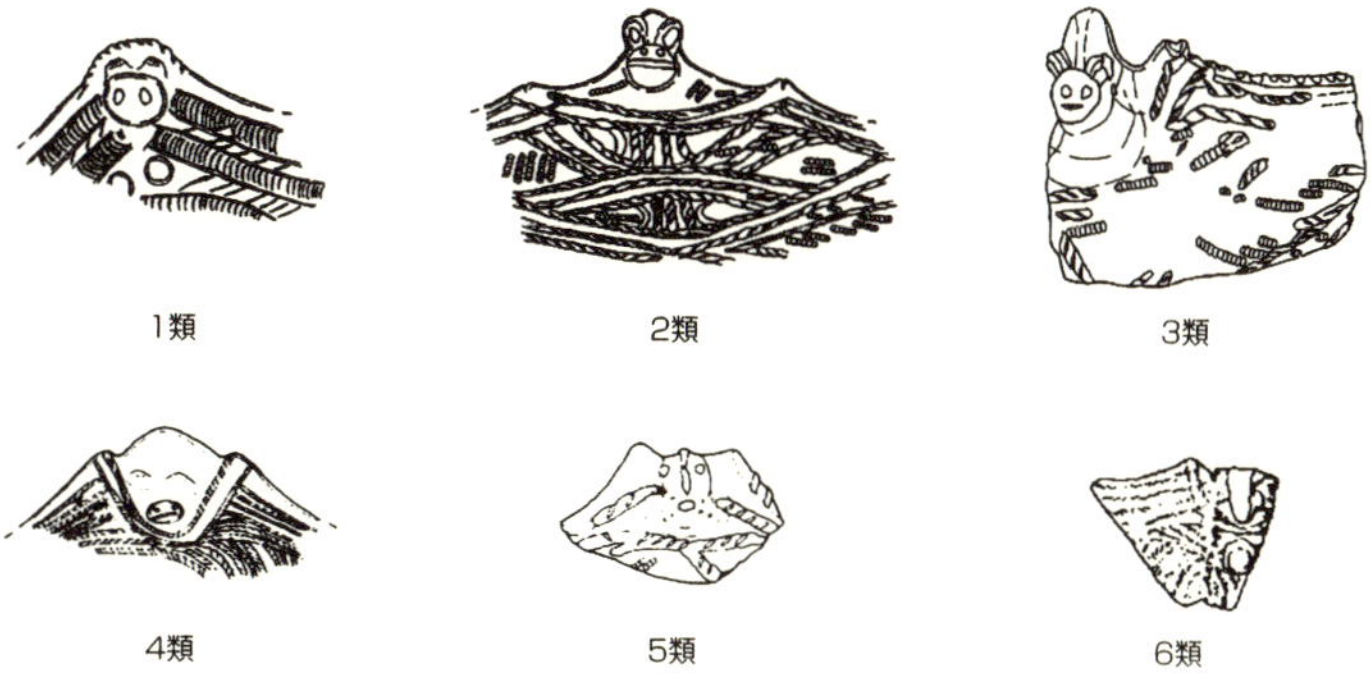

第１図　猪装飾の変遷（関根2003より。図の出典は文末に記載、以下同じ）

先にふれたが、二〇〇六年はウリボウが保護される機会の多い年であった。私も鳥獣センターや小野正文氏宅あるいは渡辺新平氏宅にて、保護されたウリボウを観察することができた。オリの中から伸びあがってこちらを向いた顔、その様子はまさに土器の猪の表現でもあった。しかし実際には2類や3類のような丸い吻端（鼻先）の中に横一文字の口がみえるのではなく、口は吻端の下にくるのである。写真1や4を参照するとよくわかる。その点、丸い鼻先のみ

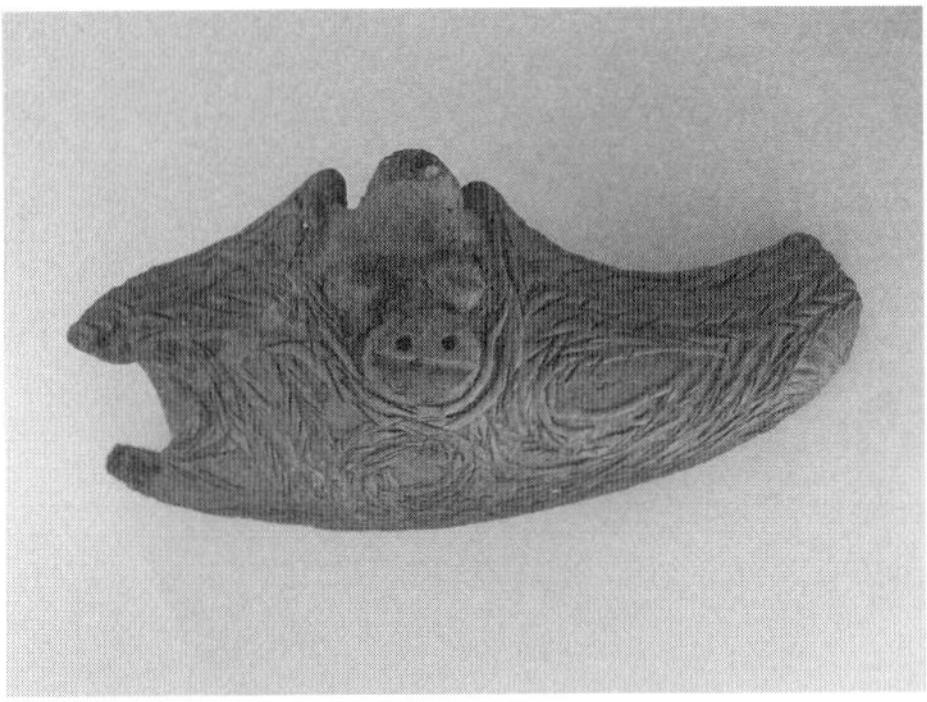

写真6　猪装飾付土器（東京都四葉地区遺跡）（板橋区教育委員会所蔵・提供）

が表現された1類の方が正確な表現である。耳と目が一体となった表現も2類3類では作為的である。その意味からも1類とした段階が古く、猪表現の始まりということが納得できる。しかし2類、3類の段階では表情が豊かで変化に富んでおり、縄文人と猪との日常的なつきあいの中でのさまざまな観察が感じ取れる。もう一度写真5をみてみよう。なんと楽しい表現ではないか。ここには関根氏が分類した1類から5類までのバラエティがみられるが、縄文人の細かい観察に始まる豊かな造形とその変遷を読み取ることができる。この造形を行なった縄文人の目の前には、やはり猪がいたのである。

このようにして始まった猪装飾。関東・中部を中心に福島や静岡・岐阜方面へと東日本一帯に広がった。それは諸磯b式土器の広がりでもあり、同じ土器の形や文様を共有する地域でもある。でも猪の表現をみると微妙な違いがある。東京都板橋区四葉地区遺跡では頭がだいぶ出っ張ったものや、口縁部とはいっても下がった箇所に腫れぼったいまぶたの猪が付く（写真6）。長野県小海町中原遺跡からは百五十点もの猪装飾土器が出土しているが、やはりバラエティに富んでおり、写実的なものもある一方で、目が異常につりあがったものや、まんまる目玉のものなどもある（第2図）。

山梨では、安中市や小海町のようなリアルさはないものの、やはり猪とわかる表現も多く発見されている（写真7、第3図）。中には頭がほていさんのように極端に盛り上がったものや、とても猪とは思われないような造形もある。

ところで、山梨も含め群馬県を取り巻く地域、あるいはそこから離れた地域

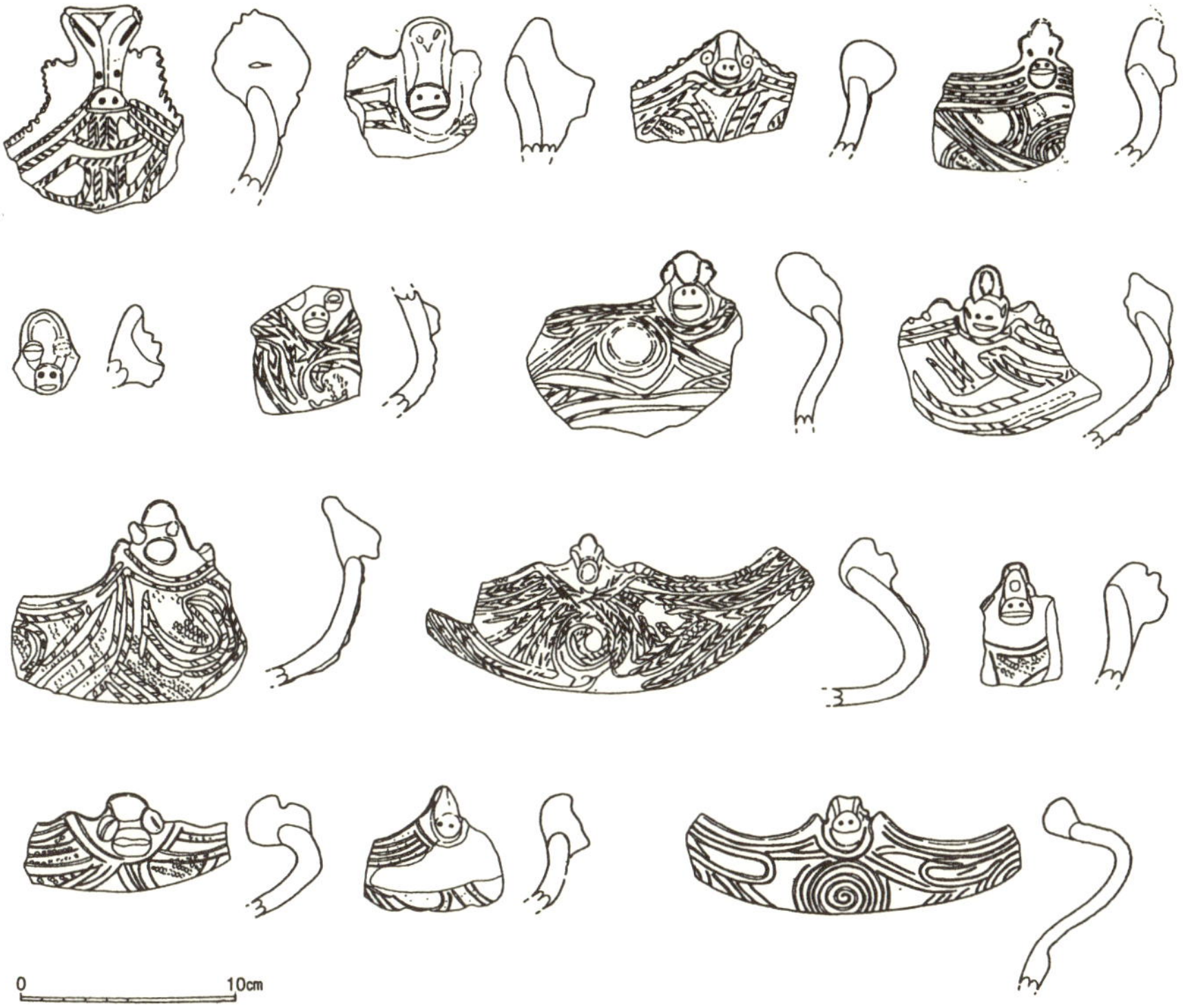

第２図　長野県中原遺跡の猪装飾付土器（島田2010より抽出）

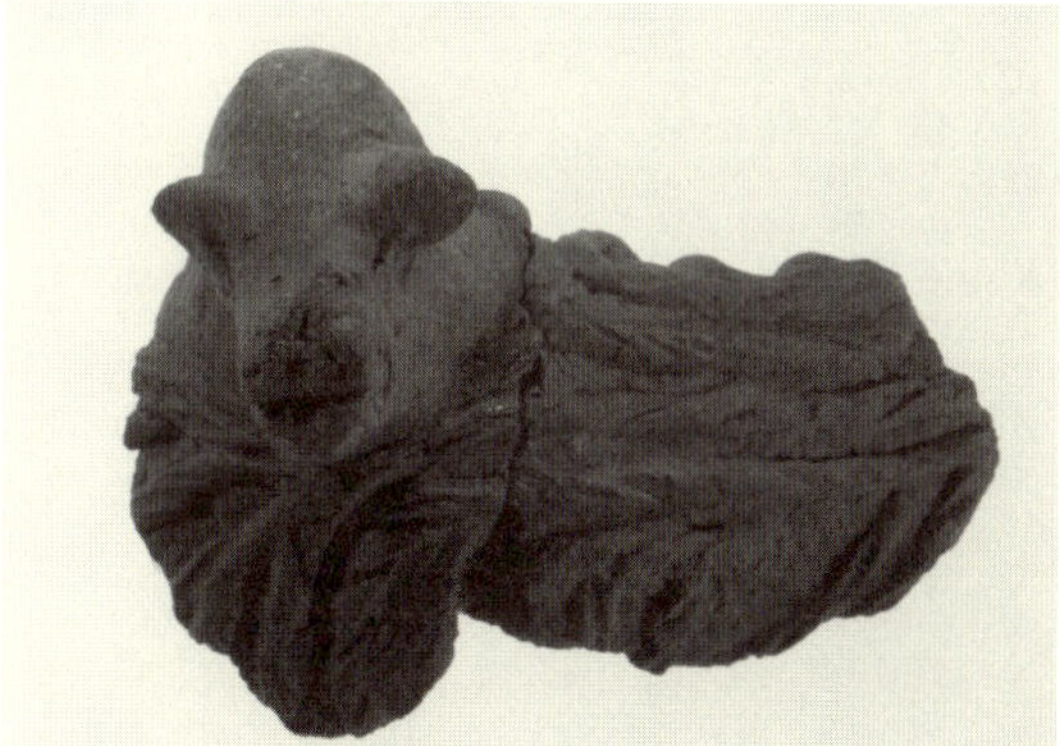

写真７　猪装飾付土器（山梨県山崎第４遺跡）
（北杜市教育委員会所蔵・提供）

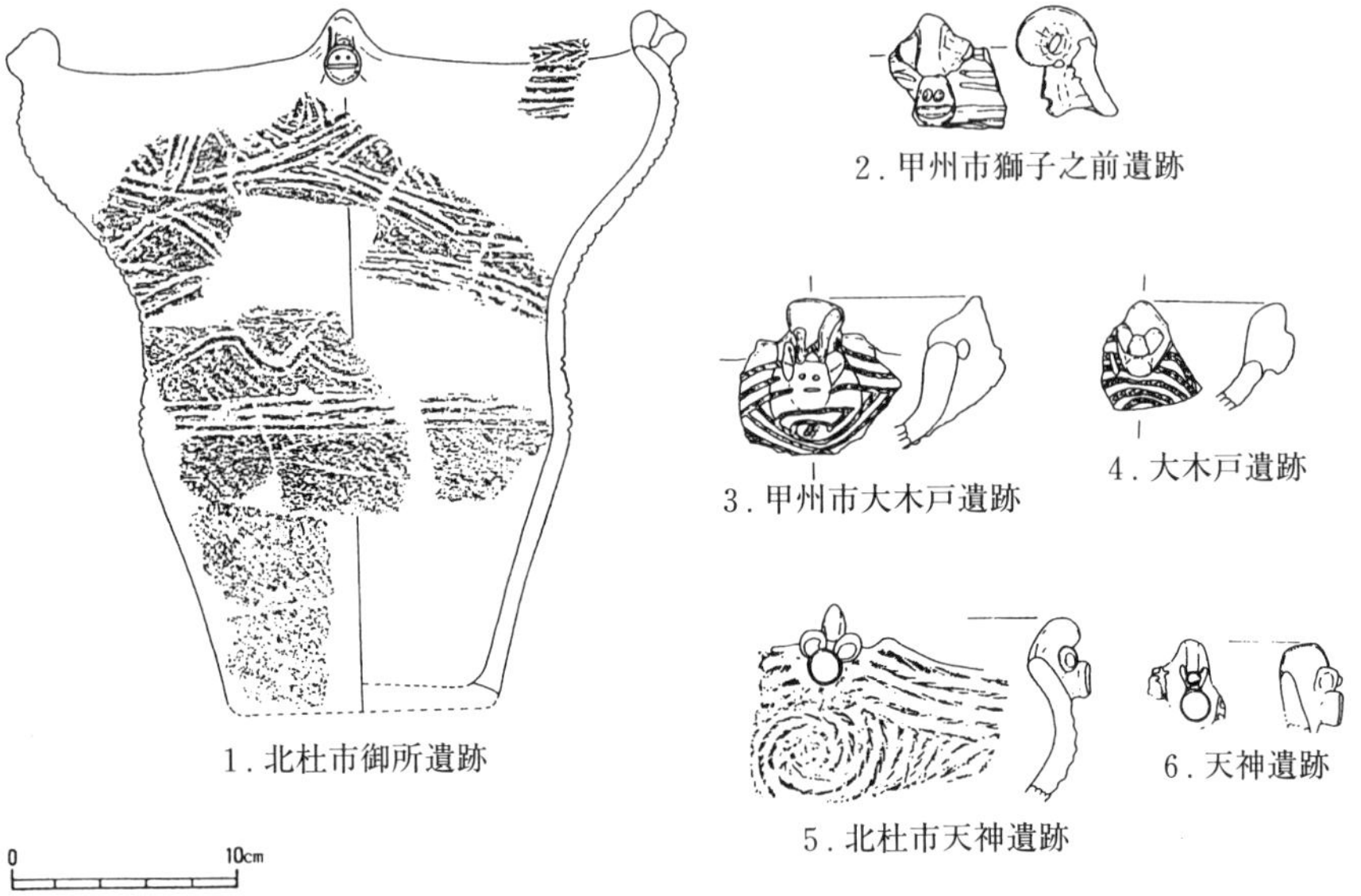

第3図　山梨県内出土の猪装飾付土器（各報告書より）

では、中野谷松原遺跡でみたような写実的な猪装飾はさほど多くはなく、さらには猪装飾自体の量も、佐久の中原遺跡を除きあまり多くはない。このことから、群馬県の安中市を中心とする地域の縄文人が、土器に猪を付けはじめたことが考えられている。それが、諸磯b式土器を作る各地のムラに広がっていった可能性がある。このことについて山梨の例をあげてみよう。八ヶ岳の南麓の旧大泉村（現北杜市大泉町）に、天神遺跡という縄文前期の大集落がある。ここからは諸磯b式の時期の環状集落（縄文時代のムラの形の一つ。ムラを上からみると、真ん中の広場を取り巻くように住居群が配置するドーナツ状の集落）が発掘されていて、猪装飾を持つ土器が数点出土している（第3図）。しかしこれらはリアルなものではなく、なんとなく猪とわかる程度のものであり、先に中野谷松原遺跡にて関根氏が分類した猪装飾のうちの3類という段階の、しかも終わり頃の猪に該当する。この段階は、猪表現が退化してくる時期のもので、しかも中野谷松原遺跡のムラの最盛期が過ぎゆく頃にあたっている。つまり、山梨の天神ムラが始まった頃には、群馬の中野谷松原ムラはすでに最盛期を過ぎていたのである。群馬にて猪装飾が始まった時点では、天神ムラはまだ形成されてはおらず、山梨全体でもその時期のムラは少なかったのである。

なお、全く同じ時期のムラでも、群馬から離れるに従ってリアルさに欠けるという事態もありうる。これは周辺地域へ行くほど極端になってくるようだ。伝わっていく時間差も原因のひとつであろうが、「まねる」ということともに、実物の猪と接触する機会の差にもよるものと思われる。言い替えれば目の前の猪をみながら作成した土器ではなく、伝わってきた土器を参考にしながら作ったということもありえよう。

中野谷松原遺跡の中でも4類以降の装飾は猪の退化が進んでおり、特に5類や6類では猪という感覚は殆どない。猪装飾が始まった群馬方面でも、実は途中から猪装飾が意味をなしていないのである。言い替えれば、この時期には生きた猪をみながら土器を作ってはいないことがわかる。土器を作るのに際して、以前猪が付けられたその位置に、なにか装飾を付けることのみが伝えられていたのではないか。

では、なんのために土器に猪を付けたのだろうか。また、猪と人との関係はどのようなものであったのだろうか。このあたりを考えてみよう。

最初に付けられた段階では、大変リアルな猪であった。このことは、猪造形を付けた縄文人が実際に猪を目のあたりにしたことを意味しよう。猪を観察しながらその顔面を土器に付けたとも考えられる。諸磯b式の時代、あたかも現在のように猪が人里に多く現われると同じ現象が起こったのではないか。母猪と複数のウリボウ、そんな群れが縄文集落付近にまで出現し、ウリボウが捕獲されたり保護されたりする機会が多かったのではなかろうか。つまり、縄文のムラに、いっときではあれ猪が共存していたのであり、土器を作る縄文人にもそれを観察する余裕は十分にあったと考えたい。ではなぜ、猪の群れがムラの近くまでやってくるようになったのか。それについては、第三章で考えることにしよう。

諸磯b式土器は「浮線文」といって、縄のような細い粘土紐を張り付けた文様を特徴とする。第1図の2類をみていただきたい。この浮線文の上に顔を出した猪装飾は、柵から背伸びしてこちらを見つめる猪といった雰囲気が漂いはしないであろうか。二〇〇六年に保護されたウリボウの写真1にも、共通しているようにも思えるのだが。

その真偽については想像の域を出るものではないが、少なくとも観察する機会があったからこそ、土器に猪が付けられたということは考えられる。では、土器に付けられた猪の意味とはなんだろうか。これらの土器は深鉢形土器といって、本来は煮炊きに用いられる道具である。現在の鍋釜に該当する。実際深鉢形土器の多くには、火にかけられ煮炊きされた使用の痕跡がよく残っている。土器の外側の下半分は常に火を受けることから、赤く焼けており、内側の底の方にはおこげが付いて黒くなっている場合も多い。つまり食べ物がここで煮炊きされたのである。

猪は多産系の動物である。また猪自体も重要な食料源の一つでもある。これらのことから、猪には豊かな食料をもたらす、いわば豊穣の象徴というような意味合いがあったのではなかろうか。火にかけられることにより、食べ物を生みだす土器。その土器を見守る猪、あるいは土器そのものが食べ物を提供してくれる猪、といった縄文前期後半——諸磯b式の人達の価値観がそこに表わされていたと考えたい。

ところで、おもしろいことにこの土器に付けられた猪。これは雄雌どちらが表現されたものであろうか。捕獲され飼養されている猪から雌雄の区別を観察すると、雄についてはまず牙の存在が目につく。他にもどっしりとした体型や頑丈な重量感などがある。特に牙は下顎、上顎のそれぞれから突出した二本があわさって強烈な印象を醸し出している。これらは正面からみても鼻の両側に飛び出してみえる。この牙の表現が、土器に付けられた猪にはみられないのである。ただ、中には頭から首にかけての部分が異常に高く大きく、興奮してたてがみを逆立たせたような表現もあり、雄とみられないことはない。しかし全体には、やはり雌を意識した造形という感じがする。

もうひとつ、成獣なのか子供なのかといった疑問もある。小海町中原遺跡から出土した多くの猪装飾を観察した島田恵子氏は、目が飛び出したような表現の猪装飾を、生まれたての子供とみている。というのも豚の赤ちゃんがそのような表情だというのである。大変おもしろい見方である。そうだとしたら、土器を製作した人は猪の赤ちゃんをみる機会があったということとなる。詰まるところ縄文ムラにて猪の出産が行なわれていたことにもなり、猪飼育の問題へと展開する。これについては後ほどふれることとしたい。

さて、このような雌雄あるいは成獣・幼獣の問題は残るが、縄文前期後半の諸磯b式土器を製作した人達は、食べ物を生みだす土器に猪を付けた。そこには豊かな生活を願った彼らの思いが息づいていたのである。しかしその期間は短かった。土器型式の時間からみて、おそらく一世代から二世代が過ぎる頃、同じ諸磯b式でも後半の時期には、猪装飾は写実性を失いその意味は形骸化していく。猪に対する縄文人の思い入れもまた失われていったのである。その背景にはやはり自然界における猪増減のサイクルが連動していたのであり、縄文のムラにて猪を目にする機会は大幅に少なくなっていったのではなかろうか。しかも、土器を飾った動物は猪だけであり、他の動物をも取り込んで物語りを形成するという、後から述べる中期中頃のような強烈な痕跡は見当たらない。この前期後半という時代、猪が神として縄文人の生活を導くまでには至らなかった。そして、縄文集落から猪造形は陰をひそめてしまったのである。

二　神となった動物たち

（一）猪、再び土器へ

土器から猪が消え、しばらくの時が流れた前期終末から中期初頭の頃。日本海に面した新潟から北陸方面の地域にて、不思議な装飾が土器に現われた。新潟県鍋屋町遺跡出土の口縁部破片には、吻端（鼻先）を上に向けた獣面が付けられている（第4図1）。これにはなんとなく猪のイメージが漂う。さらに石川県や富山県では、前期終末から中期初頭にかけて小島俊彰氏が首長獣と呼ぶ不思議な動物造形が登場する（小島一九九六）。2は石川県真脇遺跡の土器につけられた獣面の装飾であるが、これは猪というよりも蛇とみられるものである。時には蛇と猪との両方がとけこんだかのような奇怪な造形もある。真脇遺跡からは他にも「鳥さん土器」と愛称されている土器も出土している。諸磯

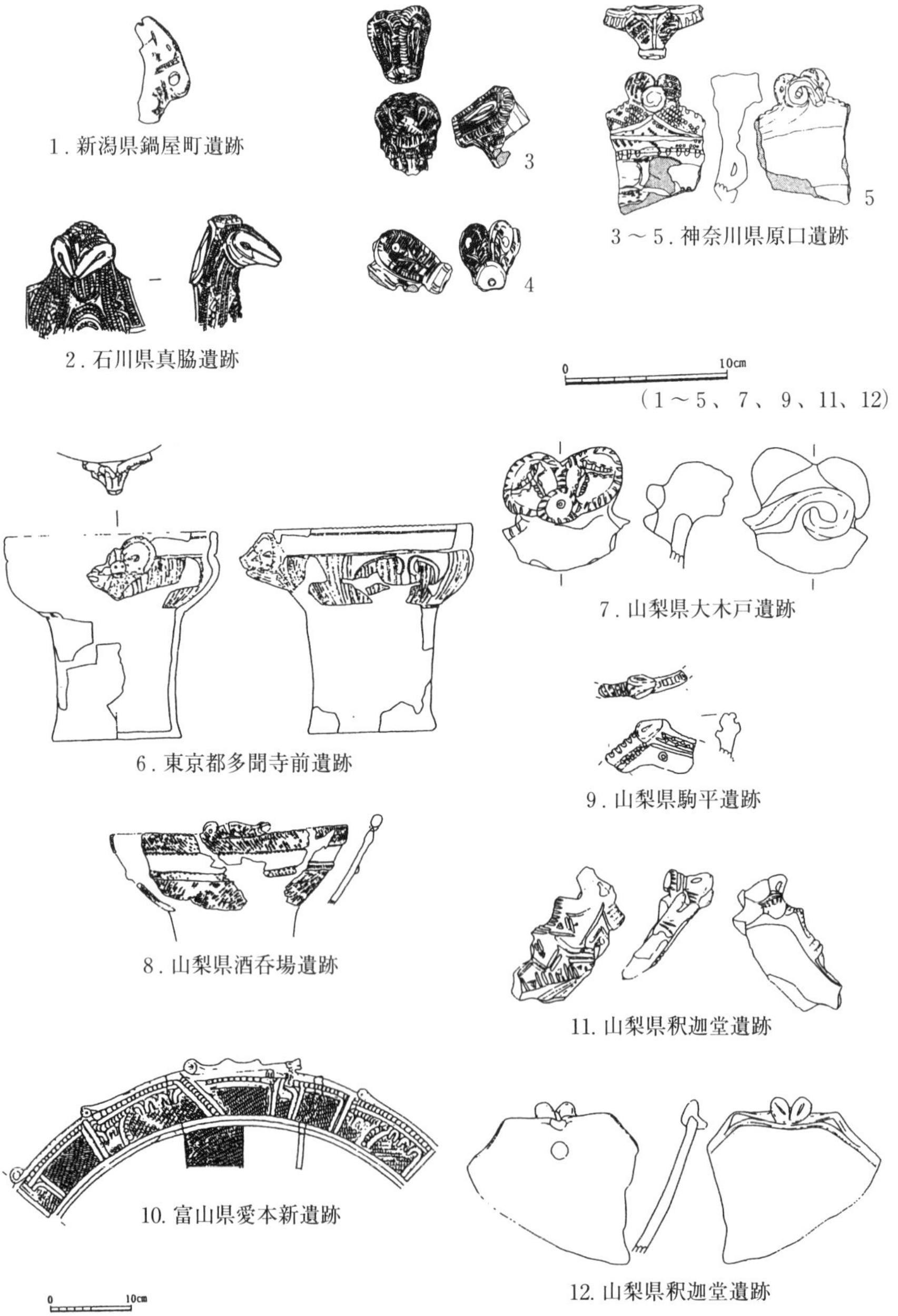

第4図　前期末から中期前葉の動物装飾（各報告書等より）

b式期では猪だけが付けられたのに対して、この時期には猪のみならず蛇や鳥をも思い起こさせる装飾が生み出されたのである。後でふれる中期中葉に盛行する猪と蛇、その造形が前期終末・中期初頭という時期に始まることは重要である。縄文人が抱いた二つの動物、それに連なる縄文神話の土器への表現がこの時期に始まるという、一つの画期を示すように思われるからである。

ところで同じ中期のごく初めの頃、北陸地方とは全く反対側の太平洋側地域でも、奇怪な動物顔面装飾が突如として登場する。神奈川県平塚市原口遺跡の獣面装飾のことである（3〜5）。猪なのか蛇なのか、はたまた熊なのか、一部には北陸地方の獣面装飾に類似するものもみられる。いくつかのバラエティはあるものの、原口遺跡からは実に七十点をこえる数の獣面装飾を持つ土器破片が発見されたのである。このように多く出土した例は、いまのところ他にはない。この時期の動物を模した装飾がどの地域にてはじまり、そして広がったのかは定かではない。多くの獣面装飾を出土した原口遺跡を中心とした太平洋岸地域にその起源があるのか、前期末の事例が明確な北陸地方が初源となるのか、大変重要な問題をはらんでいる。その解明には、さらに多くのデータを集めて検討する必要がある。前期末から中期初頭という時期にあって、北陸から関東太平洋岸まで含む広い地域での交流があったことは確かなのである。真脇遺跡の調査に携わった山田芳和氏は、前期末の頃に北陸地方と中部高地との接触をとおしてこのような動物装飾が生まれた可能性を主張した（山田一九八六）が、さらに広い範囲での交流を考える必要があろう。北陸地方の前期から中期にかけてのさまざまな動物装飾を検討した小島俊彰氏は、「中期獣の最古の仲間が生まれたのは北陸の地」と考えている（小島一九九五）。

中期初頭から前葉になると、中部山岳地方や関東方面ではさらに動物装飾が現われてくる。東京都多聞寺前《たもんじまえ》遺跡の獣面付き土器は良く知られる事例である（6）。クマやコウモリなどの意見もあるが、鼻先の表現からは猪とみておきたい。なにやら可愛らしい猪でもある。多聞寺前遺跡や原口遺跡の事例を参考にすると、人の顔とされている山梨県大木戸遺跡の破片（7）も猪の可能性がある。一方蛇については山梨県酒呑場《さけのみば》遺跡からは口縁部を這うリアルな造形がある（8）。三角形の頭部や全体の表現からは蝮とみてよかろう。山梨県駒平遺跡例も蛇とみられる表現である（9）。さらに不思議な動物表現として、富山県愛本新《あいもとしん》遺跡の著名な事例がある（10）。小島俊彰氏はヤモリの類を想定するが、小野正文氏は後述する長野県穴場遺跡の釣手土器なども含め「猪頭蛇尾」という表現で、縄文人が作り出した想像上の動物と考えている（小野一九九二）。同様な見方をすると山梨県釈迦堂遺跡から出土した11も同じ見方ができ、さらに12も蛇の目だけが強調されたとも考えられる。いずれも浅鉢形土器の破片である。

これらの事例から、中期の初め頃に猪が再登場し、さらに蛇も加わって土器をにぎわすことは確かである。そして、その萌芽は前期末に遡る可能性は高い。

（二）土器に描かれた物語り

縄文時代中期中頃、山梨・長野を中心とした中部山岳地域に、豪華な土器が発達する。ここでの豪華という言葉には、大きな土器という意味も含まれるが、それ以上にバラエティに富んだ器形や土器の重厚さ、そしてなにより、文様の立体表現と複雑さとが加わる。比類なき土器群と評価される由縁でもある。

この「文様の立体表現と複雑さ」の一つに、猪造形が含まれる。猪は時には単独で土器を飾るが、多くは蛇や女神とともに土器全面に展開する文様構成の要素として登場する。あたかも土器に描かれた絵巻の主役の一人として。小林公明氏は、この種の一連の文様から縄文神話の存在を読み取り、その物語りの復元を試みた（小林一九九一）。いわば縄文絵巻の解読でもある。この絵巻には、まさに縄文中期人の信仰を支えた神話の世界――物語りが隠されている。ここでは、猪を切り口として土器を飾る文様の展開をみていこう。

①深鉢形土器の猪

縄文土器に表わされた動物達。そこにはだれがみてもその動物とわかるリアルな表現がなされる反面、イメージを逞しくして初めて読み取れるという、いくつかの段階がある。文様解読については、小野正文氏による優れた研究がある（小野一九八九）。これを要約すると、1　具体的で表現体が明確なもの、2　やや抽象化が進むものの理解可能なもの、3　それ自体は不明だが文様構造から帰納的に理解できるもの、4　本来の表現が変化し別個の表現要素も加わり帰納的に加え演繹的理解を必要とするもの、5　推定の根拠はなくもっぱら演繹的理解が必要なもの、という区分である。いささか難しい表現でもあるが、これを動物にあてはめて大きく分けると、

（一）だれにでも動物の種類がわかる
（二）ややデザイン化してはいるが元の動物名はわかる
（三）相当に文様化しているが、全体の構成からその動物と理解できる
（四）蓄積された知識からなんとか推測できる

という四つのケースになる。このケースは（一）から（四）へと順に、具体的なものを出発点として縄文人の思考が進み、神話的な世界に入っていく、あるいはその動物の能力がより神話的表現へと進んでいく段階を意味するものとも考えられる。各段階にて、（一）と（二）とはまず問題ないが、（三）ではその動物の特徴を抽出して納得してもらうという説明が必要となり、さらに（四）では、縄文人の思考からの組み立てが必要となってくる。ここで紹介していく「猪」は当然（一）と（二）が中心であり、（三）にもいくぶんかかわってくることを、まずお話ししておく。

　深鉢形土器に付く猪からみていこう。まず第5図1をごらんいただきたい。正面からみた平らな鼻と二つの丸い孔。つまり豚のような鼻。この特徴からは、だれしもまず猪を思い浮かべることはたやすい。実際の猪は、細長く優しい目であり、ここに表わされたような真ん丸目玉ではないが、全体的に可愛らしい猪といったイメージは十分に感じ取れる造形である。これは山梨県甲州市安道寺《あんどうじ》遺跡から出土した土器である。縄文前期の諸磯b式土器の猪よりさらに立体的な、そしてリアルな猪の顔が土器の縁に付けられたのであり、ここまでは先の動物表現段階（一）にあたる。しかし全体の文様構成を観察すると、実は多彩な動物デザインから構成されていることがわかる。まず横から後ろに

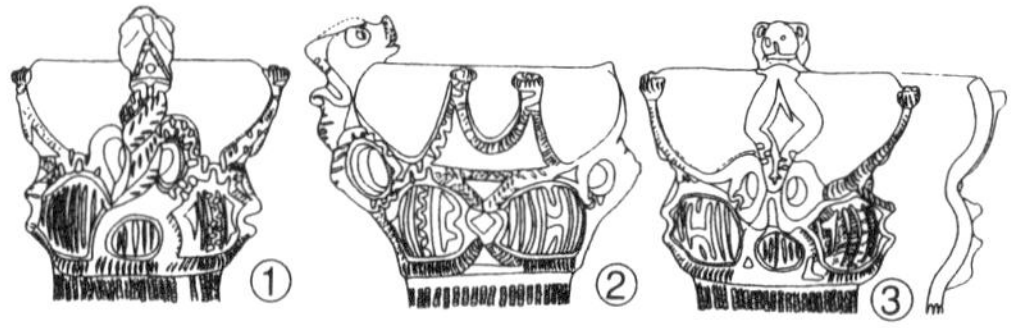

1. 山梨県安道寺遺跡

3. 埼玉県羽沢遺跡

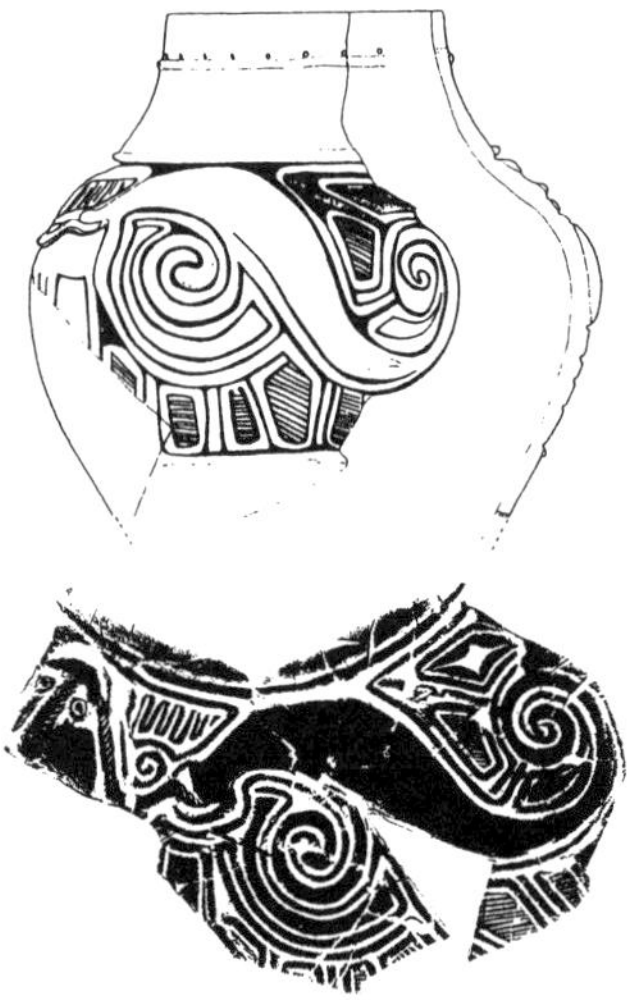

2. 長野県丸山南遺跡
(拓本：設楽博己氏提供)

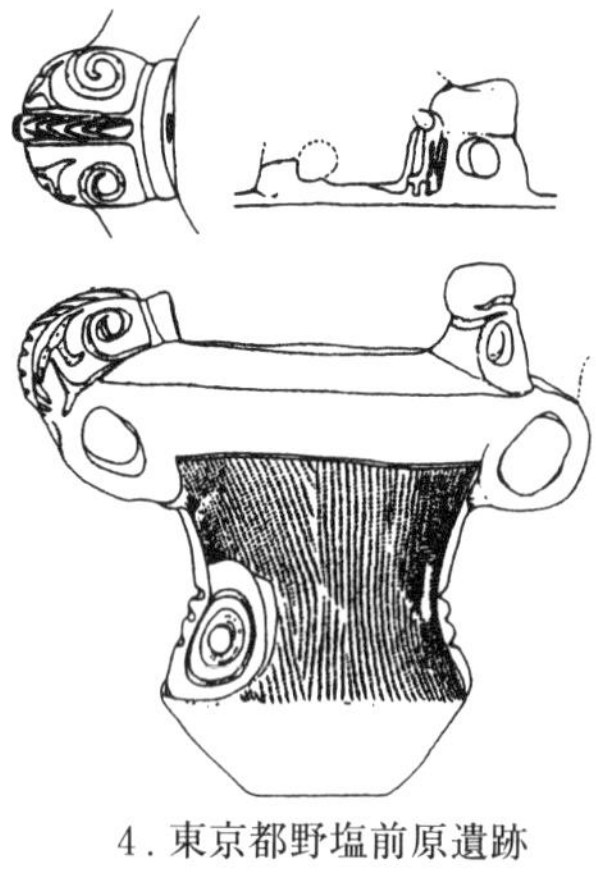

4. 東京都野塩前原遺跡

第5図　猪や蛇がつけられた土器（各報告書等より）

まわってみよう。リアルな猪顔面の下には、あるべき猪の身体はなく、細い粘土紐のうねりが付けられている。このうねりはなんと蛇を表わしているようではないか。「龍頭蛇尾」という言葉はあるが、これは小野正文氏が「猪頭蛇尾」すなわち「イノヘビ」と表現した驚くべき姿となっている。猪と蛇とのキメラ、縄文人が作り出した想像上の動物という見方でもある。ところが猪の頚あたりをよくみると、三角形の表現とその三角形の中央部に丸い凹みが付けられている（第5図1—①）。小林広和氏は、これを口を大きく開いた蛇とみた（小林二〇〇三）。三角形の縁に付けられた刻みは蛇の牙であり、中央の孔は喉と言うのである。その結果、「獣面・蛇身捻装飾土器」という具体性の高い装飾とみなした。イノヘビにしても獣面蛇身にしても、猪と蛇とが重なり合った造形であることには間違いない。猪と蛇、後から述べるようにこの二つの動物が土器に付くパターンはいくつかあるが、その一つの形が、この土器に表わされているのである。この土器の特性はさらに続く。蛙の存在である。なんと猪の顔の反対側口縁に、よじのぼるかのように蛙の足が表現されているではないか（第5図1—③）。しかしこの蛙、上半身は表現されていない。土器の縁にちょっとした高まりがある以外、あの蛙の特徴でもある大きな目を持った顔などどこにもみられない。上半身は土器の中に入り込んでいるのか、あるいは猪や蛇にくわえ込まれてしまったのであろうか。蛙に食いつく蛇といったショッキングな構図が、土器に描かれる事例もまた知られている。第5図2は長野県丸山南遺跡の有孔鍔付土器という、これもまた不思議な樽形の土器の事例である。この土器の胴部には蛇が蛙の前脚に喰いついている様子が描かれている。筆者は一九九六年六月の早朝、長野県長門町の山林にて同様な場面に偶然出会ったことがある。ヤマカガシが大きな蛙（おそらくヒキガエル）の右後脚をほぼ股のあたりまでくわえ込んだものの、それ以上は太い胴体のため飲み込むことができず、蛇・蛙ともに動きがとれないまま斜面にへばりついているというシーンであった。自然界における蛇と蛙の強烈なかかわり。縄文人のするどい観察が、土器への造形として再現されているのである。

安道寺遺跡の土器に表わされた猪と蛇、それに対向する蛙。なんとすさまじいほどの縄文人の観察、そして意味付けが感じられる構成ではないか。天敵関係にもある蛙→蛇→猪という生態系に生きる動物。その合体や共存が描かれる土器文様には、やはり縄文人が作りあげた物語りが綴られているとしか考えられない。その内容を解読していくすべは、すでにはるかなる歴史の中に埋もれてしまった。しかし彼らの描きあげた類例を掘り起こすことはできる。さらにそこから、推測への道に入り込もうとする努力もできる。遠い時代に語られた猪と蛇の構図、それらをこれから追ってみよう。

山梨県甲府市上の平遺跡から出土した土器。ここでは、猪と蛇とが向かい合った構成をみることができる（写真8）。土器の口縁の上に高く飛び出した蛇、その反対側に低く対峙する猪の構図である。先の動物表現段階からすると、蛇は（一）および（二）に当たり、だれにでも蛇であることは理解できよう。ただし、とぐろを巻くかのように渦巻く蛇の胴体、その内側部分の下方にも蛇の口があることから、ここには二匹の蛇が表現されているのかもしれない。さらに伸びあがった蛇の下には二つの穴が並び、あたかも目のような造形ともなっている。ただしこの穴の縁を巡る隆帯は流れるような形にて蛇の渦巻きへと連なっていることから、これも蛇の造形の一部と見なすことができよう。このように、部分的には写実的な蛇ながら、全体としては複雑な表現を伴っていることになる。ここには縄文人が考えていた蛇への感性が表現されていることになるが、ここまでくると動物表現段階の（三）へと進みはじめたことになろう。

猪については写実性から離れ、相当にデザイン化していることから（三）ないし（四）の段階になろう。しかし全体の「ずんぐりむっくり」した体形の表現は猪の特徴がよくつかまれている。特に吻端と呼ぶ鼻先の偏平な表現は、鼻孔は一つながら、猪そのものである。「U」字形の目耳や背中のすじ毛なども、粘土紐を張り付けることによって表現されている。やはり、この土器の構成は、猪と蛇との対峙である。蛇は高く首を掲げ、猪は低く構える。ここには縄文人だけが知っているストーリーが隠されているのだ。同様な構成の土器は、他にもいくつかある。まず埼玉県富士見市羽沢《はねさわ》遺跡から出土した土器を紹介しよう（写真9、第5図3）。これはムササビ形土器の愛称がある極めて整った造形の土器であり、和田晋治氏は「双環・猪装飾付土器」と呼ぶ（和田二〇一〇）。この土器の猪は、上の平遺跡

写真8　対峙する猪と蛇（山梨県上の平遺跡）（山梨県立考古博物館所蔵・提供）

写真9　埼玉県羽沢遺跡の土器（富士見市立水子貝塚資料館所蔵・提供）

よりもリアルに表現されている。特に写真9のように土器の内側から猪をみると、半円形に表現された鼻先、その後に飛び出す目耳からは猪であることがよくわかる。それに向かい合った位置の蛇。ここでは蛇というイメージは薄く、動物表現（三）から（四）段階でありいささか説明が必要となる。猪側からみると、二つの大きな目を持った奇怪な造形が猪に立ち向かっているという感覚であり、人面装飾の一つの表現とみてもよい。ただしこれが蛇の表現にかかわっていることは、裏側からみると理解できるだろう。両側と中央とに蛇のうねりがあり、それが中央のたかくそびえる突起に向かって伸びあがっている様子がうかがえる。このように考えると、猪側からみた恐ろしげな「大きな目」も、実は蛇のうねりが作り出した造形にもつながっていこう。このような奇怪な表現になっている「物語り」を読み取ることはできないが、上の平例と同じ構成にあることは推測できる。なお、ここにみるような「大きな目」も含めて、このような造形を我々は「みみずく把手」と呼び、人面あるいは女神の顔という解釈もしてきた。つまり女神の頭に蛇が乗るという「構成」の一つである。そうした場合にも猪は、女神と一体となった蛇と向かい合っていることには間違いない。さらに付け加えるならば、「みみずく把手」の起源の一つについて、先にふれた上の平遺跡例からもわかるように、やはり蛇のうねりが大きな要素となっていたものと考えたい。こうしたことを含めて、羽沢遺跡での蛇の表現は、動物表現段階の（三）ないし（四）という、極めて難解な文様に変化していることになる。

さらに富士見市に近い東京都清瀬市野塩前原遺跡からも同様の土器が出土している（第5図4）。蛇の部分は壊れていて詳しいことはわからないが、和田晋治氏が指摘するように土偶あるいは人面が付いていた可能性は高いが（和田二〇一〇）、さらに蛇の造形も加わっていたものと推測できる。対向する猪は羽沢のものよりも上の平遺跡例によく似ている。但し、上の平に比べて目耳の表現が渦巻きになっていたり、耳の後の孔が全くなくなっていることなどから、さらに省略が進んだものとみられる。

以上紹介した三点は、いずれも同じ構成の土器であることがおわかりいただけたと思う。特に猪が「平らな吻端（鼻先）」と、ずんぐりむっくりな「半円筒」状という造形で表現されていることは重要である。だいぶ図案化されて

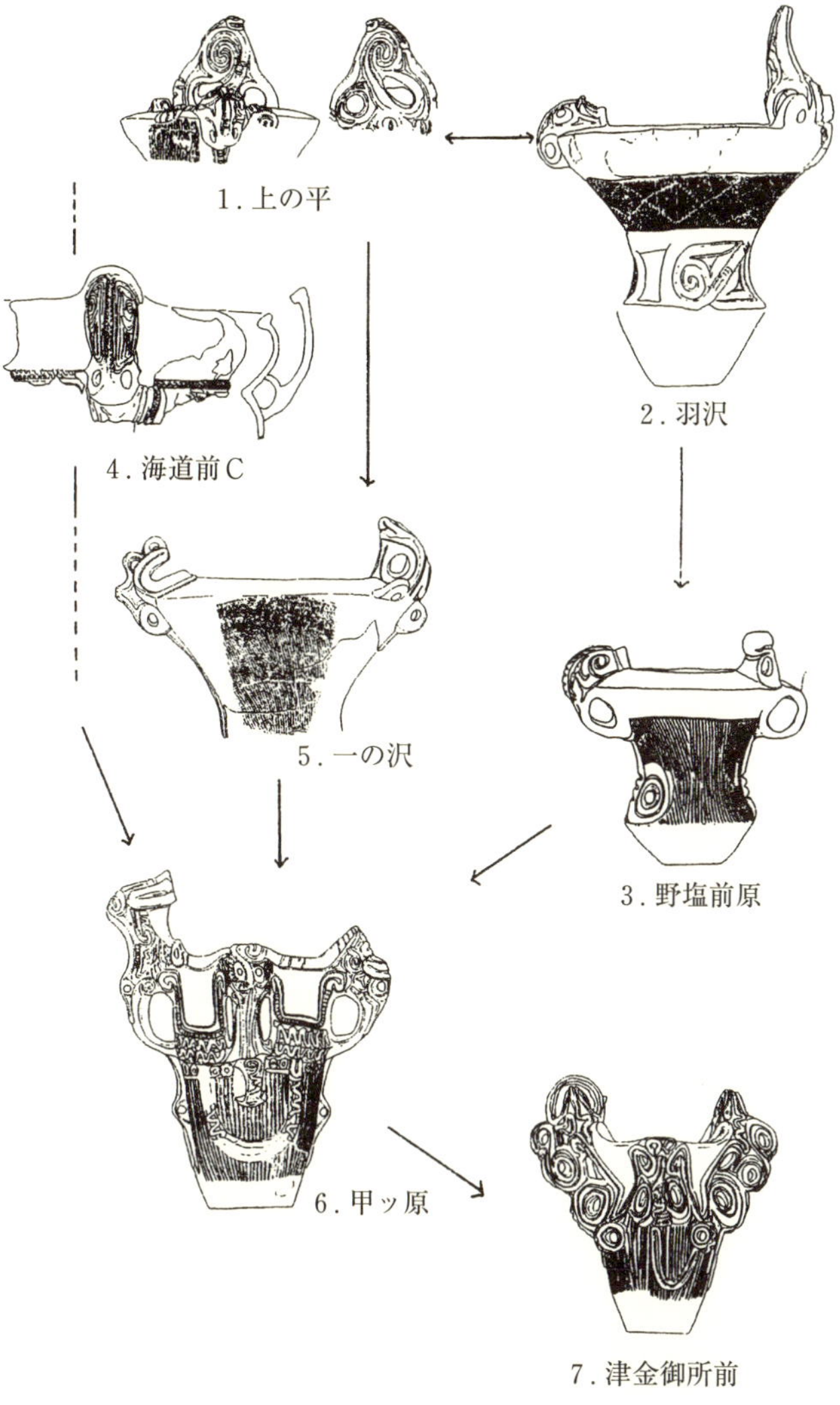

第6図　対峙する装飾土器の変遷（新津2003より）

写真10　甲ッ原遺跡胴部猪蛇対峙土器（山梨県立考古博物館所蔵・提供）

いて動物表現段階の（三）や（四）に進んでいたとしても、「平らな吻端」「半円筒」という造形を見つけ出すことにより、猪の存在を確認することができるからである。いわばキーワードでもある。これにより猪を探し出す作業に入っていくことになるが、その前に上の平遺跡などでみることができた対峙する猪と蛇の構成について、その変遷に少しふれておく。土器の編年（土器の型式から組み立てられた年表）にあてはめてみると、上の平、羽沢、野塩前原ともに縄文時代中期中葉という時期にあたる。今からおよそ四千五百年前（最新の研究データでは約五千年前）のこと。さらに細かくいうと、中期中葉でもその後半という段階に位置付けられる。さらに猪や蛇のリアル性の程度を考えると、上の平と羽沢とに比べて野塩前原例がやや新しい段階ということができる。この新旧関係についての流れを第6図に表わしてみた。この図では、その後も含めて猪と蛇の対峙というモティーフの変遷をも示した。例えば、6や7は中期後半に入る「曽利Ⅰ式土器」であるが、これらの土器にも二つの突起が付けられている。ただしこれらの突起が、猪及び蛇であるということは、この二つの土器からは全くわからない。上の平や羽沢の土器を思い浮かべることにより、初めてその源が猪と蛇にあることが理解できる。動物表現段階の（四）ということになるが、実はこれらを造形した縄文人に

写真11　誕生土器（山梨県津金御所前遺跡）（北杜市教育委員会所蔵・提供）

も、すでに猪と蛇という意識はなくなりつつあったのではないか。一つ前の時代に築かれていた神話のストーリーが、人々の意識から遠ざかりつつあったのである。

話をもとにもどそう。「平らな吻端」「半円筒」という造形——猪のキーワード——から猪を探し出す作業に入っていきたい。

まず写真10の土器の胴部に注目しよう。山梨県北杜市甲ッ《かぶっ》原《ばら》遺跡出土の土器であるが、ここにはなんと「平らな吻端」と「半円筒」の造形が縦に付いているではないか。その反対側の同じ位置には、明らかに蛇とわかる造形が渦巻いている。先の上の平遺跡などの例とは場所こそ異なっているものの、やはり猪と蛇とが相対峙しているのである。猪には風船に似たものがぶら下がり、猪の尻の端からは腕のような帯が両側に伸びあがっているという不思議な造形となっている。その蛇の尻尾も、なにやら腕のような表現にもなっている。これらの腕の表現については小林公明氏の見解を借りると、猪や蛇そのものに付くものではなく、猪や蛇の上方にある「双環突起」（目玉のような二つの大きな環）と一体となった生き物の前脚ということになる。この生き物を小林公明氏は「蛙」とみた。いささか唐突なようでもあるが、小林氏は多くの資料から順序だてて説明を行なっている（小林一九九一）。写真11の土器をとりあげて一つの

写真12　山梨県原町農業高校前遺跡の土器（山梨県立考古博物館所蔵・提供）

例をあげてみよう。これは北杜市津金御所前遺跡出土の顔面把手が付く土器であるが、不思議なことに土器の胴部にも別の顔が付く。この土器を復元した武藤雄六氏は、出産のシーンととらえた。胴部の顔を、生まれ出てくる新しい命の顔と言うのである。以来、我々は武藤氏の見解を借用してこの種の土器を「誕生土器」と呼んでいる（山梨県立考古博物館一九八三）。小林公明氏は、この土器の解読をさらに進め、蛙の背中から新しい命が生まれるとした。その蛙とは、胴部につく顔の上にある双環突起を目とし、顔の下に下がりながら両脇に開く二本の隆線を後脚とした造形をさす。蛙は月の象徴でもあることから、生まれ出る命は月の子供であり、それを生み出す土器そのものは母なる月の神、すなわち「月母神」とした。これだけの説明ではわかりにくいところもあろうが、その論の背景には、小林氏の豊富な事例研究の成果が息づいている。今、筆者にはこのような小林氏の解読を完全に理解できる蓄積はない。しかし少なくとも、顔の付く土器そのものが母に通ずるものであり、その身体から新しい命が生まれてくるといった表現は、理解できる。

この津金御所前遺跡の「誕生土器」と、これまでみてきた甲ッ原遺跡の土器（写真10）とを比べてみると、形や文様の構成に共通した点が多いことに気付く。特に、猪の上には双環突起があり、さらにその上、土器の縁には何か剥がれた跡が付いている。この痕跡こそ顔面が付いていたことを物語っている。その反対側にも双環突起があって、その下に蛇が付くことになる。津金御所前土器の生まれ出ようとする顔と同じ位置に、甲ッ原土器では猪と蛇とがみられるのである。小林氏が言う「蛙の背中」そのものが猪に変換した造形という見方もできるが、私としては母なる土器から、猪と蛇とが生まれてきたというように考えてみたい。

さらに類似した土器がある。北杜市原町農業高校前遺跡出土品である。これは、目鼻の表現はないものの、やはり顔面把手付き土器である（写真12）。胴体はさらに膨らみ、樽形とでも言うような特徴がある。この胴部には「平らな吻端」「半円筒」の造形、つまり猪がつけられ、その反対側には蛇が渦巻く。顔面把手の位置を基準にすると、甲ッ原土器とは猪と蛇の位置が逆になっている。また猪の上には、これまでみたような大きな双環突起はなく、小さな二つの瘤のような突起となっている。小林氏が蛙の手とした隆帯文もこの瘤に連なって、猪の上方向から両側に伸びている。猪の尻の下には丸い輪が描かれており、風船のような張り付け文があった甲ッ原土器とはいくぶん異なっている。このような細部の違いはあるものの、造形上の構成は全く同じとみてよい。顔面のある膨らんだ土器の胴部に、猪と蛇が付けられているという共通性である。

この共通性は、長野県富士見町下原遺跡から出土した土器にもみられる（写真13）。左右非対称であるとともに、目鼻が描かれないという顔面把手の形状は、全く原町農業高校前遺跡の土器と同じであり、猪の付く位置やその上にある双環突起などについては、甲ッ原遺跡のものと共通する。さらに、「蛙の腕」とされる表現は原町農業高校前の土器に、猪の尻から下がる丸い膨らみは甲ッ原の土器に、というように両者の特徴をそれぞれ合わせ持っているのである。これら三個の土器は、やはり同じ思想のもとに製作された造形品であることが理解できよう。

これらの例はすべて考古学で言うところの「深鉢形土器」ではあるものの、細かくみると胴部の膨らみが強い「樽」状の器形であることは重要と思われる。というのも口縁部にて猪と蛇とが対峙する上の平遺跡例などは胴体が一旦くびれて口縁で大きく広がる「鉢形」であるのに対して、胴部で対峙するのが「樽」状胴部の土器なのである。すなわ

写真13　長野県下原遺跡の土器（井戸尻考古館所蔵・提供）

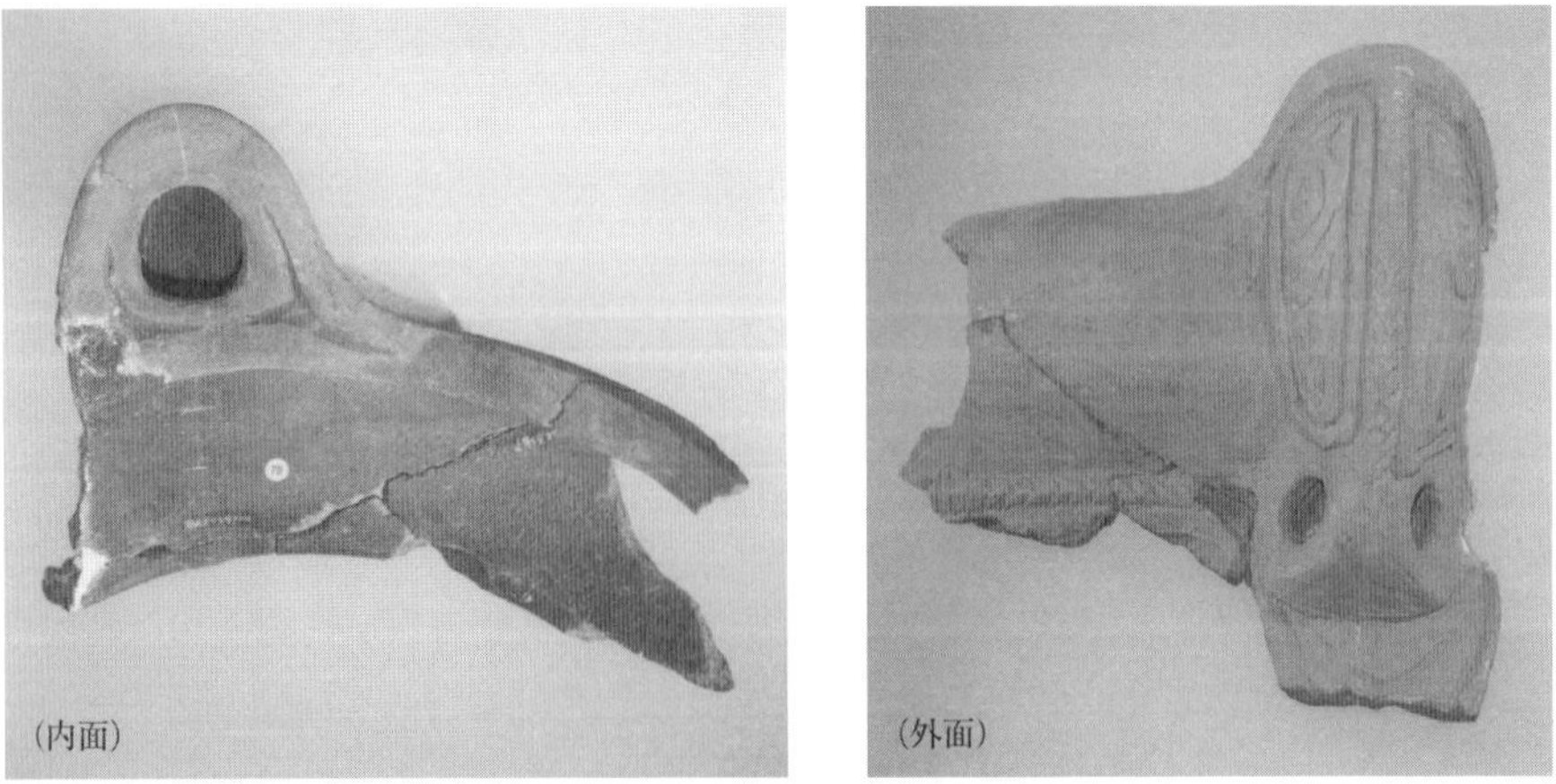

写真14　猪がモデルになった土器の把手（山梨県海道前C遺跡）（山梨県立考古博物館所蔵・提供）

ち、猪と蛇との位置が樽状土器では胴部、鉢形では口縁部という構成には、器形と文様とを含めある種の物語り性にもとづいた流れがあるようにも思われる。

その流れとは、女神の身体から生まれた猪と蛇が、土器を這いあがり、やがて土器の縁にたどりつくという道程である。それが上の平遺跡例となるわけであるが、土器の縁に上がった猪や蛇の事例は他にも多い。

まず破片の一部ではあるが、北杜市海道前《かいどうまえ》C遺跡の土器も面白い（写真14）。口縁に張り付いた半円筒形の文様は、さきにふれた上の平や羽沢例に良く似ており、猪であることが納得できよう。真上を向いた「平らな吻端」には大きな孔が一つ、その両側に三叉文がつけられている。猪が双環状突起の上に連なることもこれまでの事例に共通している。但し破片であることから、対岸に蛇がどのような状態で付くのかはわからない。

次に、笛吹市一の沢遺跡4号住居から出土した一群の土器の事例を紹介しよう。まず写真15である。ここには口縁部にずんぐりした把手が付く。これもその造形からは猪であることがわかる。円孔を持った丸い面は上を向いているが、なんとここには吻端を取り巻くかのように蛇が這い、頭を上げている。猪と蛇とが重なっているのである。この猪／蛇突起の対面にも、把手が剥がれた跡がみられる。この対面の突起がどのようなものであったかはわからない。

しかし東京都多摩ニュータウン№.67遺跡の例を参考にすると、向かい合った把手二つとも同じ構成であった可能性が高い。この多摩ニュータウン例も猪に蛇が重なる造形の把手が、大きさに違いはあるものの、向かい合って付けられているからである（写真16）。

次に写真17は、四単位把手が付いた胴が強く括れる一の沢遺跡の土器である。二ヶ所の把手が欠けてしまっているが、残る一つが顔面把手をなす。通常顔面は、両耳から頭頂部まで曲線的な三角形状の輪郭の中に、アーモンド状の目、豚鼻状の鼻孔、丸い口などが描き出されるが（例えば写真11の顔面把手）、この顔面全体は真ん丸で、その中の眉の下に小さく丸い目が付くだけで鼻孔も口も表現されていない。しかもこの顔面は、側面および上面からみると、ずんぐりした丸みのある身体の前面に付けられていることがわかる。この体は先にみた上の平遺跡や羽沢遺跡の猪と考

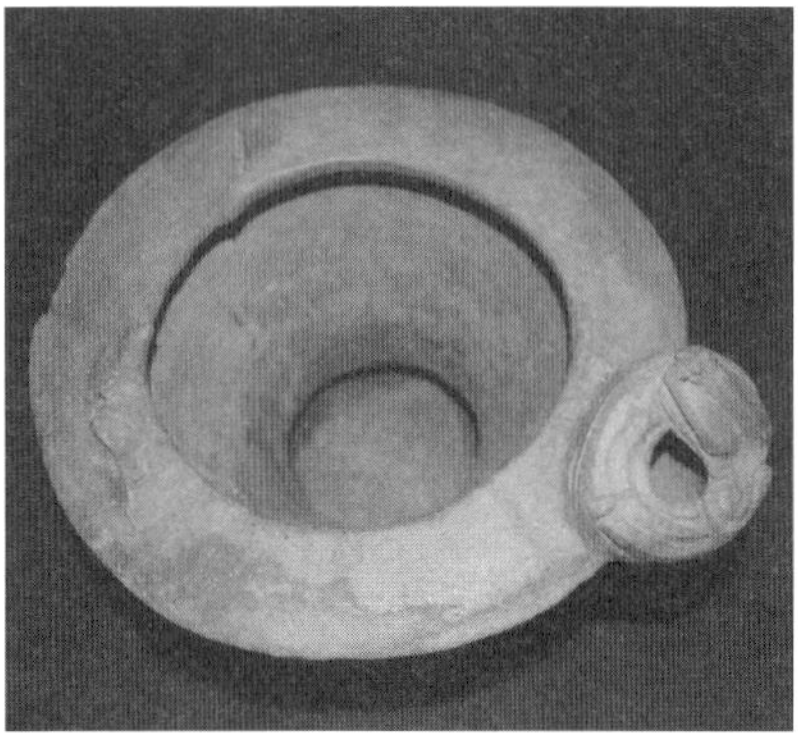

写真15　猪を取り巻く蛇装飾の土器（山梨県一の沢遺跡）（山梨県立考古博物館所蔵・提供）

写真16　猪と蛇とが合体した装飾の土器（東京都多摩ニュータウンNo.67遺跡）（東京都埋蔵文化財センター所蔵・提供）

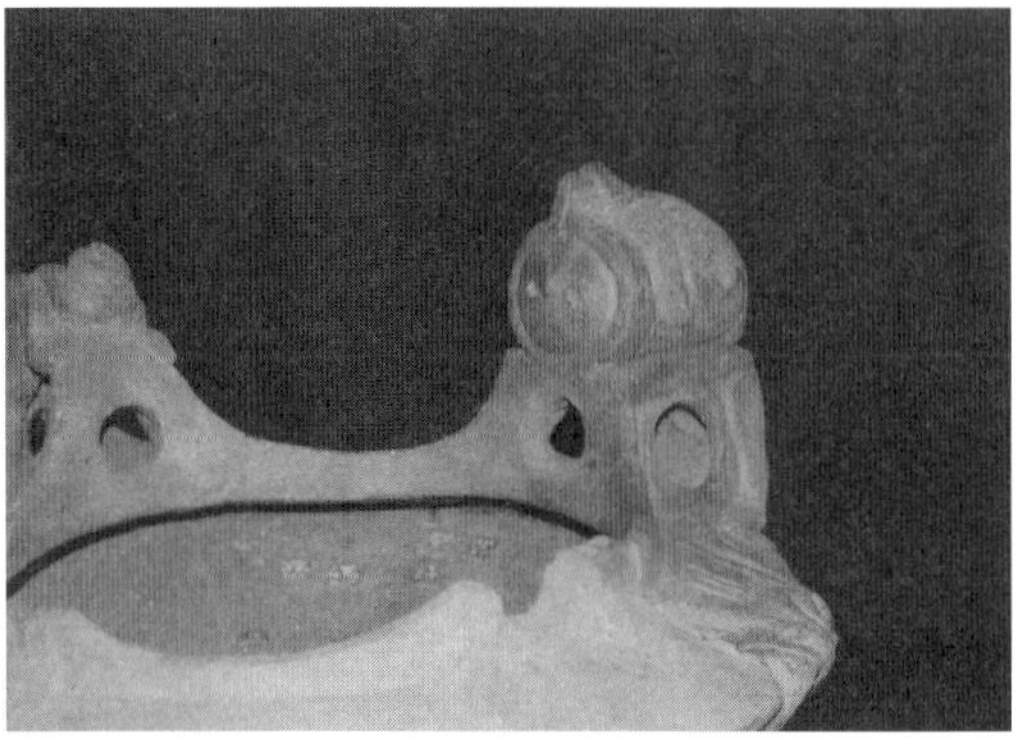

写真17　人面猪装飾土器（山梨県一の沢遺跡）（山梨県立考古博物館所蔵・提供）

えた体つきによく似ているではないか。身体の側面の文様も同様である。やはりこの造形は猪が基本となっているように思われる。顔面が丸く表現されているのも猪の鼻先（吻端）の輪郭に人面を意識したからではなかろうか。顔面の小さな目は猪の鼻の孔を意味し、それに眉をつけて人面の意識を醸し出そうとしたものかもしれず、本来は猪であったとみなしたい。つまり「人面猪」といった表現なのである。

さらに、この「人面猪」の上に蛇がつくことに注意したい。猪の尻から背中に、刻み目のある帯がつけられており、これが猪のたてがみを表わしていることは野塩前原遺跡例（第5図4）などからもわかるが、一の沢例ではこの先端が蛇の頭となっている。すなわち猪の背中から頭部にかけて蛇が這っているのである。従ってこの造形は猪・蛇・人面といった三種の表現から構成されると考えられる。なお、この土器は四単位把手であり、人面猪の隣の把手は蛇が中心となっている。残りの把手は失われていることから詳しいことはわからない。しかし四単位把手についても猪や蛇が基調になっていることがわかる。

以上、深鉢形土器につく猪造形をみてきたが、特に蛇とともに表現される例も多いことがわかった。再度まとめると次のようなパターンとして整理できる。

一　猪＋蛇⇕蛙　　安道寺

二　イ　口縁　猪⇕蛇　　上の平、羽沢、野塩前原

　　ロ　胴部　猪（顔面把手反対側）⇕蛇　　原町農業高校前

　　　　　　　猪（顔面把手の下）⇕蛇　　甲ッ原、下原

三　猪＋蛇⇕猪＋蛇　　多摩ニュータウン№.67、一の沢

四　猪＋人面＋蛇（四単位把手の一つ）　　一の沢

このうちの二パターンが、「猪と蛇との対峙」とでも表現される構成であった。女神の胴体から生まれ、そして這いあがりつつ口縁にたどりつき、やがて土器をはさんで向かい合うといった流れを推測した。最終的には、四パター

ンの蛇が乗る「人面猪」といった造形で、把手の最上部に登り詰めた猪もいる。これらの造形が生みだされた背景には、これまでもふれてきたように当時の縄文人が抱いていた物語りがあったのであろう。遠い歴史のかなたに埋もれてしまったかれらの神話を、ここで掘り起こすことはできない。しかし、深鉢形土器は煮炊きという行為をとおして、食べ物を生みだす道具である。その土器に猪や蛇が飾り付けられることは、これらの動物が食べ物と大きなかかわりを持っていたことは確かであろう。女神から生まれる猪と蛇、それが土器の縁に至り内部を見つめることにより、さらなる食べ物が出現する。そんな祈りにもつうずる物語りが語られていたのではないか。

なお、末木健氏は土器に付く人面や蛇、猪について、「僻邪」と「豊穣」という二つの役割の一体化を考えた（末木二〇〇九）。土器の中で煮られる食料を毒や細菌から守るなどの「僻邪」が達成されてこそ、豊穣が実現されるという見解である。これまでふれてきた女神、蛇、猪の組み合わせに「僻邪」という概念が当てはまるかどうかは研究課題であるが、のちほど述べる牙のついた猪頭骨の設置例などでは、このようなとらえ方も必要であろう。

②釣手土器

釣手土器とは、中期中頃から中期後半（中部山岳地域でいう藤内式から曽利式土器の時期）にかけて、長野山梨などを始めとした中部地方や、関東の山寄地域を中心に作られた土器である。浅鉢の上にアーチ状の把手あるいは覆いが付く不思議な形の土器を、大正十四年に刊行された『諏訪史』の中で鳥居龍蔵博士が「釣手ある土器」と表現したのが最初である（鳥居一九二四）。釣手土器は、吊手土器と表記されたり香炉形土器とも呼ばれるが、特に香炉形とされるものは、正面からみるとまるで人の顔の輪郭を表わしたような形をしているものが多い。これについても鳥居博士が「正面からみると顔面把手の顔を打ち抜いたような形」と表現した。前の項でみた深鉢形土器に付く顔面把手。この顔面の目鼻口を打ち抜き、その輪郭を表現したのが釣手土器の形というのである。まさに言いえて妙、そのとおりである。ではこのような土器は、いったい何に使われたのであろうか。内面や釣手の縁に煤が付いていたり焦げ跡が残されているものが多く、この土器の中で火が燃やされたことは確かである。諏訪の考古学者、藤森栄一氏は「神の火を灯す聖なる道具」とも表現した（藤森一九七六）。さらに『古事記』や『日本書紀』にある火の神「カグツチ」とそれを生んだ「イザナミ」に由来する造形と説く、吉田淳彦氏や小林公明氏の研究もある（吉田一九八七、小林一九九一）。顔面をかたどったかのような釣手土器は、まさに火の神の身体そのものと考えられたのである。このような神話の根源に結び付く研究は、田中基氏により「火の起源と生命」にまで展開している（田中二〇〇六）。やはり釣手土器は、火にかかわる祈りの道具であったとみてよい。

この釣手土器にも、猪造形がみられるのである。まず猪とわかる典型には山梨県甲州市塩山の北原遺跡例（第7図1）がある。釣手頭頂部に一頭、両脇にそれぞれ一頭ずつの計三頭の猪が付く。二つの鼻孔、目耳、丸みを帯びた体部そして尻尾などは、極めてリアルに猪を表現している。これに対して山梨県西桂町宮の前遺跡例では（第7図2）、正面に大きな丸い孔一つから成る造形が、釣手の頭頂部に一つと、その両脇に二個ずつと合計五個並ぶ。これらは、先に深鉢形土器のところでみた「平らな吻端」「半円筒形」という猪の特徴そのものである。釣手土器にも、深鉢形土器と共通した猪表現がなされていたのである。こうしてみると、最上部の大きな円形は親猪、両脇の二頭ずつ計四頭はウリボウということになろうか。釣手土器全体を正面からみると、顔面タイプ釣手土器の頭部にカールした髪の毛が付くような感がある。時期的には、北原例が中期中頃（井戸尻式）、宮の前例が中期後半（曽利Ⅱ式）という時間差があることから、先にみた動物表現（一）の北原から動物表現（二）ないし（三）の宮の前へと移っていったことがわかる。なお、宮の前例では親猪の背面から頭にかけては蛇が這うといった特徴もあり、やはりここにも猪と蛇の表現が重なることになる。

この猪と蛇という造形については、長野県下に注目すべき事例が多い。まず大変有名な穴場遺跡例をあげなければならない（第7図3）。頭頂部に三匹、鉢部の両側に二匹の合計五匹の動物がつく。発掘報告書ではこれらを「蛇頭を形どったと思われるモチーフ」「鼻及び口の作出技法は（中略）イノシシに似る作り」「あるいは蛇体とは異なった別

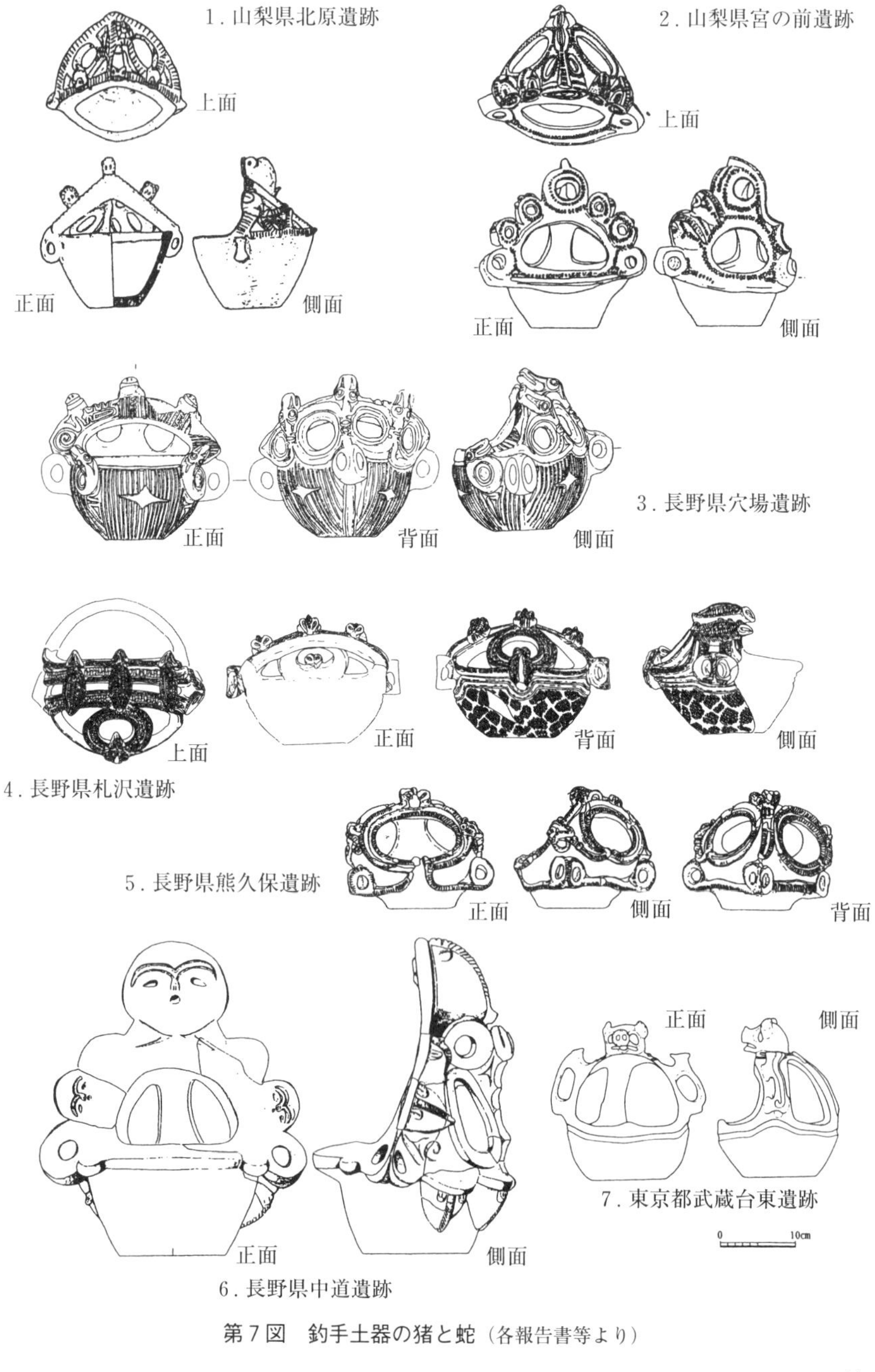

第7図　釣手土器の猪と蛇（各報告書等より）

写真18　長野県御殿場遺跡の釣手土器（伊那市教育委員会所蔵・提供）

の生物をイメージ」という不思議な動物に見立てた（高見一九八三）。後に渡辺誠氏や小野正文氏が主張したイノヘビという意識がここにみられる。確かにこの土器を正面からみたとき、三匹の突出した鼻や口は北原遺跡と非常に類似する。その表現は前期諸磯b式の猪とも共通する。しかし背面からみると目を始めとした頭部や身体は蛇とみてよい。すなわちこの造形は、正面からみたときに限り猪の表現なのである。蛇体文という表現も正しい。時を少し遡る藤内式期の札沢《ふださわ》遺跡例はいささか異なる造形をなす。釣手部に三匹、背面の環をのぞくかのように一匹、合計四匹、ツチノコのような動物が這う（第7図4）。鼻先が丸いものもあるが、やはり蛇とみてよいのではないか。時期的に次の段階に位置する熊久保遺跡の動物は、札沢例の顔面によく似るものの鼻先がさらに丸く、しかも丸孔があけられるものもある。北陸地方の猪の表現に類似するが、目の表現では蛇とも共通する。このように熊久保例は、蛇と猪との組み合わせから構成される最初の造形かもしれない。

このように考えると、札沢→熊久保→穴場という順で「蛇」から「猪と蛇との融合」に進んでいくようである。

なお、山梨県宮の前遺跡の猪に似たものとして、長野県中

写真19　長野県前尾根遺跡の釣手土器（原村教育委員会所蔵・提供）

写真20　山梨県梅の木遺跡の釣手土器（北杜市教育委員会所蔵・提供）

道遺跡の釣手土器がある。釣手中央に大きな猪がいてその両側に子猪が並ぶといった構成である。猪であることはずんぐりとした体つきからわかるが（第7図6）、面白いことに中道例では正面が人の顔となっている。身体が猪、顔が人面という造形は、先にみた山梨県一の沢出土の深鉢形土器にもあった（写真17）。深鉢形土器では他に顔面把手と呼ばれる造形もみられたが、実は釣手土器でもアーチの頂上に人の顔面が付く例もある。特に中期後半ではバラエティに富み、御殿場遺跡（写真18）、前尾根遺跡（19）、梅の木遺跡（20）の例はその代表でもある。しかもこれらには猪の痕跡も残る。人面の横に並ぶ丸い孔に注目しよう。これまでみた猪の特徴の一つ「平らな吻端」に似ているではないか。身体の表現こそ「半円筒」からはかけ離れているが、宮の前や中道の例を参考にするとやはり猪とみてよい。釣手土器そのものが鳥居龍蔵博士が言った「顔面把手の顔を打ち抜いたような形」であるのに、その正面トップにさらに顔面が加わりそれに従うかのように猪が付けられるという造形である。

最後に、東京都武蔵台東遺跡の事例を紹介しておきたい。これには「蝙蝠」とも言われている動物が付く（第7図7）。釣手頂部の顔、その顔から両側につらなる把手の表現は、蝙蝠にふさわしい。しかしその鼻はやはり猪を思い起こすに十分である。やはりここでも猪が意識されていたのではなかろうか。地域の広がりや、時期の変遷によっては本来の動物が形骸化したり、別の形態に変化した可能性は高いものの、やはり猪と蛇、それに女神がベースになっていたと考えたい。

釣手土器も、やはり猪、蛇、そして女神という主役がそろった物語りのもと、造形されそして使われた祭りの道具だったのである。その祈りの内容は不明であるものの、火にかかわった祭りにつながるものであったことは推測できる。

③さらに猪を求めて

これまで中部山岳地域を中心に、猪装飾を追ってきた。その他の地域では、どうであったのだろうか。実は、日本

写真21　猪装飾付有孔鍔付土器（富山県松原遺跡）（小川忠博氏撮影、富山県埋蔵文化財センター所蔵）

写真22　猪装飾付浅鉢（富山県松原遺跡）（小川忠博氏撮影、富山県埋蔵文化財センター所蔵）

海に面した新潟方面から北陸、さらには飛騨地方にも、表現はいくぶん異なるものの「猪」らしい動物がみられるのである。特に北陸は、先にふれたように前期末から中期初頭という時期、いち早く蛇を含めた動物装飾が登場した地域でもある。すでに小島俊彰氏によりさまざまな顔が紹介されており（小島一九九五）、一部ながら猪の特徴を持つ、あの「首長獣」の造形でもある。その系統が、すでに第4図10で紹介した富山県愛本新遺跡の猪頭をした不思議な動物を生み出し、さらには中期中頃まで続いた可能性もある。その意味からすると山梨・長野で興隆を極めた、動物を伴った「縄文の絵巻」の源流を北陸に求めることもできそうである。最後にこれらの地域の土器について、少し探ってみよう。

写真21は、富山県松原遺跡から出土した有孔鍔付土器という祭祀用の土器である。この土器につけられたハート形の装飾は、一見、人の顔の輪郭にも似ている。だが装飾の中央部には、細い目と突き出した鼻先および二つの鼻孔という造形がある。これは北陸地方に前期末から伝わる猪によく似ている。このような造形に注意して他の土器をみると、いくつか類例をみることができる。写真22も同じ松原遺跡の浅鉢形土器であり、鼻先を上に向けた猪のような頭部が四個、土器の胴部を等間隔にめぐっている。岐阜県の飛騨市（旧宮川村）の堂ノ前遺跡から出土した深鉢形土器（第8図）にも、類似した細長い目をしたハート形の顔が付く。「動物意匠文土器」と呼ばれるこの動物も、猪の可能性がある。この顔の下、土器の胴部にあたる箇所には小さな双

写真23　動物装飾がついた土器（富山県浦山寺蔵遺跡）（小川忠博氏撮影、富山県埋蔵文化財センター所蔵）

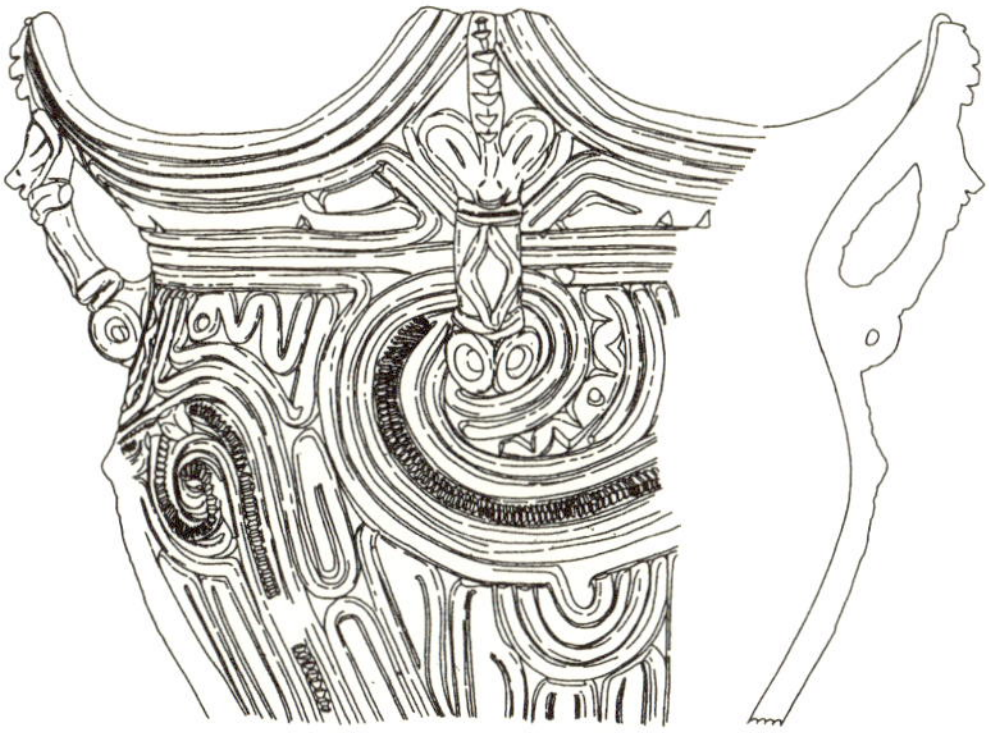

第８図　動物意匠文土器（岐阜県堂ノ前遺跡・１／８）（宮川村埋蔵文化財調査室1996より）

環把手があり、下から渦巻いてくる文様と一体となっている。この装飾を蛇とすると、この土器には猪と蛇が同時に表現されていたことになる。中部山岳地方同様飛騨地方や北陸方面にも、猪や蛇が登場する縄文の物語りが存在していたのである。

但し長野や山梨でもそうであったが、猪と蛇との区別がつきにくい造形もまた、この北陸地方にもある。富山県浦山寺蔵《うらやまてらぞう》遺跡（写真23）の土器には、短めの顔ながら、堂ノ前遺跡によく似た猪と思われる顔が付く。しかしこの顔には、左方向に延びながらやがて時計回りに渦巻く胴体と尻尾を持つ蛇へとつながっている。つまりこの造形は蛇であり、従って猪のような顔は、実は蛇の頭部ということになる。長野県穴場遺跡の釣手土器を這う蛇にもよくにており、「猪頭蛇尾」に近い表現ともいえる。この北陸地方の蛇と猪の顔の表現には、つりあがった細長い目、突き出した鼻先、吻端の二つの鼻孔など、よく似た造形で表わされており、この二種類の動物にはなにか共通したものがある。このような共通性は、中期初頭の土器群にもあり、さらには地域を越えて中部山岳地域でもみられる。

なお、北陸地方ではこのような顔面を持つ蛇のような造形の尻尾の部分に三本指が付く事例もある。この造形も長野県の中期中頃という時期での広い範囲に共通した、動物の表現であることが理解できる。さらに三本指については、土偶や土器文様にも多くみられ、縄文中期人が抱いていた神話の世界を物語る大きな要素であったことがわかる。

先には「平らな吻端」「半円筒」の造形を猪とみてきたが、新潟方面の土器にも類似したモチーフを探すことができる。写真24をみてみよう。大きな把手が四単位でつくが、その把手と把手の間の口縁直下に丸い孔を上にした半円筒形の造形がへばりついていることが確認できる。土器の胴部にも同じような瘤が上を向いている。これまでみてきた猪に似た表現でもある。この土器は、新潟県堂平《どうだいら》遺跡の出土品であり、燃えあがる炎がイメージされることから「火焔型土器」と呼ばれる種類の土器である。このような造形が完成するその背景にも、やはり一幅の物語りが潜んでいるのであろうが、そこにも猪が登場する可能性がみられるのである。四つの大きな把手。その最上部にもえあがる火炎。実はそれも猪のたてがみと見なせないだろうか。火焔型土器は、中期の中頃、今の新潟県中部を中心に、山形、福島、長野、富山の一部に広がる地域で作られた土器である。

写真24　火焔型土器（新潟県堂平遺跡）
（小川忠博氏撮影、国（文化庁）保管、津南町教育委員会提供）

以上、北陸から飛騨方面の土器にも猪が付けられたことがとらえられたが、さらには新潟を中心とした地域でもその可能性を求めることができた。現在、日本海に面したこれらの地域には猪は生息しない。しかし後からふれるように、やはり現在生息しない東北北部でも、縄文後期には猪をかたどった土製品が出土することから、かつて猪が生息していたことは十分に考えられる。

縄文前期の諸磯b式土器のところでも述べたように、猪の増減には自然界の諸条件により大きな波がある。縄文中期の中頃という時期、それは猪が大量発生し縄文集落にとって身近な動物となった時期ではなかったか。食料としても重要な役割を担った猪。それが豊穣を願う神として、蛇とともに中期縄文人の祈りの世界に君臨し、神話の主役の一つという立場から土器に刻み込まれたのである。中部山岳地域のみならず、飛騨から北陸を経て東北南部、そして関東西部をも囲い込むような東日本の中央部地域に及ぶ広い地域での、猪と人との関係でもあった。

(三)　猪形土製品の世界

今からおよそ四千年ほど前。縄文時代も後期に入ると、土器を飾る猪は影をひそめる。このような傾向は、中期後半から始まっており、あれほど土器に表現された蛇や猪は具体化を失い、土器に物語りを描き出す時代は終わりを告げつつあった。むしろ、土器に縄文神話がはっきりと刻まれたのは、中期中頃の中部山岳地域を中心とした文化圏及び北陸の一部での出来事と言った方が適切なのかもしれない。

ところが、後期に入ると猪そのものをかたどった人形――人形というのはおかしいが――猪の形をした土製品が作られるようになる。これらを総称して猪形土製品と呼んでいる。土製品ということから土器と同じように粘土をこねて猪の形をつくり、火で焼きあげたものである。縄文時代後期から晩期には、このような猪形土製品が北海道から中国地方までの遺跡から発見されるようになる。しかしその数は東北や関東では多いものの中部地方や西日本では少なく、近畿地方にてやや目立つといった状況である。北海道でも、東北に近い南部から一点発見されているにすぎない。また同じ東北地方でも青森や岩手に多い傾向があるものの、東北南部や日本海側他の地域では少なめである。このように地域や時代によって、大変ばらつきが認められている（新津二〇〇九）。この理由や用途については後でふれるとして、まず猪形土製品とはどんなものなのかを詳しくみていこう。

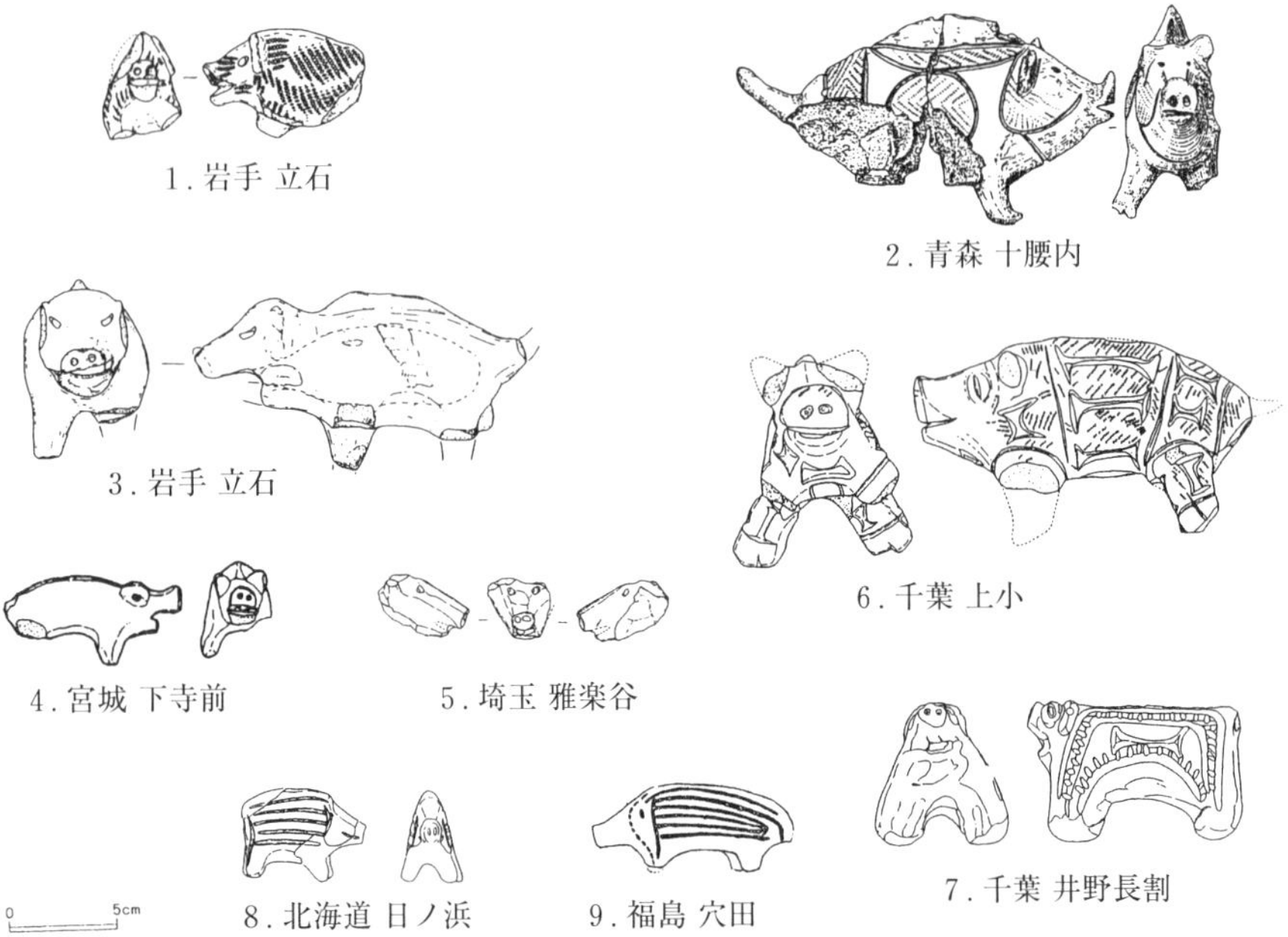

第9図　リアルな猪形土製品（各報告書等より）

①写実的な猪

典型的な例を紹介しよう。まず青森県弘前市十腰《とこし》内《ない》遺跡の猪があげられる（第9図2）。長さ十八・二センチ、高さ十センチほどの手の平からややこぼれる程度の大きさであるが、この種の中では最も大きい部類に入る。ずんぐりとした体形、平らで突き出した鼻先、二つに割れた脚先など大変リアルな造形であり、だれがみても「これって猪だよね」と言ってもらえそう。ちょこんと付けられた小さな目、反りあがった鼻、丸味のある身体つき。これらの特徴からは、なんとなく可愛らしさも漂う。縄文時代後期中頃から後半にかけてという、今から三千年ほど前に作られた猪である。この十腰内遺跡からは他にも二点ほど猪形土製品が発見されているが、ここに示したものが最も猪らしい。つくりも丁寧でつやが残っている部分もあり、生き生きとした表情は芸術的にも優れている。文様とのバランスも絶妙で、特に頬、胴体中央、そして尻のあたりに沈線で区画された中に縄日が付けられる（いわゆる磨消し縄文という後期に特徴的な技法）構成からは、体毛におわれた猪らしさが伝わってくる。また、背中の盛りあがりはたてがみを表現したものと思われ、爪先の割れ目や鼻先の反り具合なども含めてこの土製品を作った縄文人は、実際に猪を目のあたりにしていたことであろう。

次に岩手県立石遺跡の出土品も、猪らしさがある。ここからは二点が出土している（第9図1、3）。まず3は尻尾と脚三本が欠けているものの、鼻先や目、耳のつくりは猪そのものと言ってよい。ここでも背中が盛りあがっていて、たてがみの表現がなされている。身体には目立った文様はつけられていないが、やはり猪の体形はよく表わされている。なお、身体の中は空洞になっており、いわゆる中空という作り方である。縄文後期末から晩期に作られた現存の長さ十六・三センチのもので、先の十腰内遺跡の猪と同じ位の大きさである。この猪の最大の特徴について、立石遺跡を発掘した中村良幸氏は「後脚の間、つまり股間に、睾丸を表現するように2個の瘤状の突起をはりつけている」ことを観察し、雄猪かもしれないと指摘した（中村一九七九）。猪形土製品の雌雄については、雄を表わす牙の表現がないことから多くは子供か雌と考えられるが、睾丸の造形とはなかなかおもしろく、今後注意すべきであろう。牙の表現については、中期でふれた山梨県安道寺遺跡の猪に、細い線で描かれているという小林広和氏の見解があるほか、後からふれる富山県井口《いのくち》遺跡の注口土器がある程度で、猪の土製品ではいまのところ確認されてはいない。「たてがみ」の表現が雄を意味しているという考え方もできるが、雌でも「たてがみ」があることからこれだけからの判断はむずかしい。

立石遺跡から出土したもう一点の猪（第9図1）は身体半分が欠けているものの、これも鼻先や顔の尖り具合から猪であることがよくわかる。特に全身の縄目は、体毛の表現ともいわれていて、「なるほど」と思われる。特にこの1は発掘調査により後期前半の時期の土偶が大量に発見された場所から出土しており、猪形土製品の用途を考える上でも重要である。先にふれた立石遺跡出土の3は昭和二十七年に発見されたもので、やはり土で作られた人の鼻や耳形とともに出土したとのことである。鼻形や耳形は、一説に木製の仮面に取りつけるための部品とも考えられているものであり、やはり祭りや祈りの際に用いられたものであろう。土製品の用途を考える上で、土偶や仮面の部品とと

写真25　寄り添って眠るウリボウ（渡辺新平氏飼養）

もに出土した立石遺跡例は大変重要である。土偶とは豊かなめぐみを願う女神であり、猪形土製品もまたこのような祈りに通ずる祭りに用いられた可能性が考えられるからである。

千葉県市原市上小《かみこ》貝塚から発掘された猪も、よく特徴が表現されている（第9図6）。両耳や左前脚と尻尾が欠けているものの、長さ十六・一センチ、高さ九・四センチで、これもすぐに猪とわかる土製品である。全体に縄文が付けられていて、体毛の感じがつかめるが、両端が三角形状にふくらむ「I」字のような線は、この市原市周辺地域の晩期の土偶に特徴的な文様でもある。目や口の様子から、なにやら微笑んでいるかのように感じ取れる。この猪は15号住居という晩期中頃の住居跡から出土したものであるが、発掘当初は胴体だけが発見されていたものの、この住居から離れた別の住居二軒から出土した脚が接合したという。つまり、完全であった猪が、壊れ（あるいは壊され）た後、別々の箇所に捨てられ（あるいは埋められ）たということがわかる。左前脚や尻尾は、まだどこかに埋っているのかもしれない。この猪が出土した付近からは、さらにもう一体の猪を始めとして土偶や石棒などの祭祀にかかわる遺物が発見されていることから、土製の猪もまた祈りにかかわるという見方もできる。上小貝塚の例は、このような猪の用途を考える上で大変重要な資料といえる。

千葉県では佐倉市井野長割遺跡からも、同じ縄文晩期の猪が発見されている（第9図7）。上小遺跡ほどのリアルさはないが、鼻先の様子から猪とわかる。また胴体には上小猪と同じ「I」字状の文様がつけられている。

そのほか、宮城県下寺前遺跡（4）、埼玉県雅楽谷《うたや》遺跡（5）などの猪もその特徴がよく表現されている。特に雅楽谷遺跡のものは顔の破片であるが、突き出した顔つきや鼻先はまさに猪の造形であることがわかる。

猪の子供つまりウリボウではないかといわれる土製品もある。北海道は函館近くの日ノ浜遺跡の猪である（8）。長さ五・六センチという小形のもので細かい部分の表現は少ないが、ずんぐりした体、短い脚、突き出た顔と鼻先の二つの孔、まさに可愛い猪の体形ではないか。特に身体につけられた沈線による縞模様、これがウリボウを表わすという。ウリボウは瓜坊であり、生まれてから半年くらいまでの子猪は、瓜類の表面につく縦縞のような毛並みが特徴である（写真25）。そのことを考えると日ノ浜遺跡の猪は、確かにウリボウの縞に似ている。同じような例は、福島県穴田遺跡の猪にもいえる（9）。この方は体形がさらに木瓜のようなウリボウである。なお、日ノ浜遺跡の猪には口の辺りに横線がみられることから、これは牙の表現されたものとも言われている。

しかし、ウリボウにはまだ牙は生えていない。牙だとすればこれは雄の成獣ということになる。胴体の横縞からすると、やはり子猪とみておきたいことから、牙とされる線は猪の口を表わしたものであろう。なお、津軽海峡を越えた北海道は猪の生息範囲からはずれており、このような地域から猪関連遺物が発見されることは、大変重要な問題となっている。土製品に限らず、北海道からは猪の骨も出土していることから、津軽海峡を丸木舟で渡った縄文人が猪を持ち込んだことになり、すでに猪を飼っていた可能性にまで問題がおよぶからである。猪の飼育については第三章でふれることにしよう。

以上、猪らしさがよく表現された土製品を紹介したが、ここに掲載したリアルさが漂う猪形土製品のうち今のところ最も古い段階のものは、第9図1に示した岩手県立石遺跡の猪であり、縄文後期初めという時期に位置づけられている。このことからこれら写実的な表現がなされている猪タイプを「立石型」と呼んで分類してみたい。この後からふれるいくつかのタイプとともに第11図に示したのでご参照いただければ、わかりやすい。

ところで、猪形土製品は後期になると作られはじめる、と冒頭で言ったが、実は後期に先だって中期に作られたと

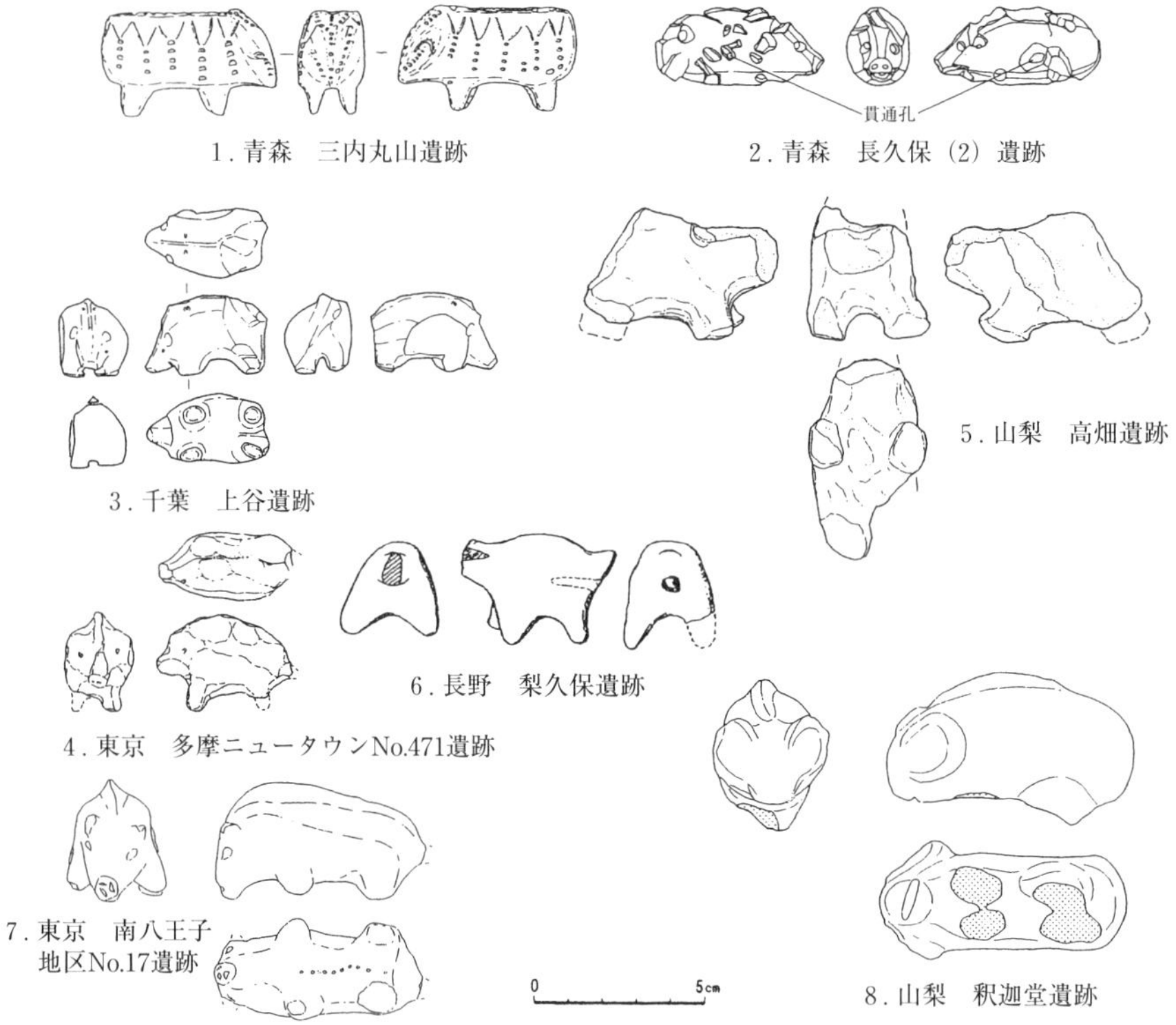

第10図　中期の猪形土製品（各報告書より）

いう事例も、少ないながら認められている（第10図）。まず注目すべきは千葉、東京、山梨、長野といった南関東から中部山岳地域にかけての地域の例である。文様を持つものは少ないが、ずんぐりした体、突き出した鼻先、たてがみの様子など猪の特徴がよく表わされている。特に3の千葉県八千代市上谷遺跡例、4の東京都稲城市の多摩ニュータウンNo.471遺跡例は、これといった装飾はないものの実によく猪の特徴がとらえられている。多摩ニュータウン例は粘土をつまみあげながら作られた長さ四・三センチという大変小さな造形ではあるものの、猪の特徴が実によく表現されている。縄文人の確かな観察がうかがえる製品でもある。上谷例についても頭を下げたずんぐりとした造形は一見熊のようでもあるが、鼻先の様子や「たてがみ」の表現からは猪とみてよい。たてがみ部分には小さな貫通孔があり、紐を通して吊したかのようでもある。これも長さ三・六センチと大変小型であることから、そのような使われ方を考えてもよいのかもしれない。重要なことは、これらの猪が作られた時代である。上谷遺跡は中期初頭の五領ヶ台式土器の時期ととらえられている。多摩ニュータウン例も五領ヶ台式から新道式という中期でも早い段階の可能性が考えられている。図示してはいないが他にも、神奈川県原口遺跡から長さ四センチほどの胴部破片が出土している。これまでのものとは違い、沈線や刻み目などの文様がある。特に背中の刻みのある隆帯は、たてがみを表わしたようであり、やはり猪とみてよいだろう。この原口遺跡からは、第一項でふれたように動物装飾が付いた土器が多く出土している。

同じ頃中部山岳地域の山梨、長野でも猪形土製品が作られている。5は山梨県高畑遺跡の出土品である。破片とはいえ、ずんぐりとした形状、短い脚などの造形は猪とみて間違いない。中期前葉の新道式土器が多く出土した住居跡から発見されたもので、時代もはっきりわかる猪として重要である。しかもこの住居からは土偶が十点余り出土しており、猪形土製品が土偶と同じ役割を持っていたことも考えられる。土偶とともに出土していることについては4の多摩ニュータウンNo.471遺跡も同様であり、ここからは十七点の土偶が発見されている。6は長野県岡谷市にある梨久保遺跡出土の猪であり、際立った文様はないもののやはり全体の様子には猪の特徴がよく表われている。この遺跡は長野県を代表する中期の集落遺跡であり、土偶の出土数も多い。

以上のように、関東から長野にかけての一帯では、縄文中期の早い段階にてリアルに表現された猪の土製品が作られていた。実は中期初頭という時期は、猪や蛇が土器を飾る時期でもある。すでに紹介した東京都多聞寺前遺跡の土器に付けられた猪をはじめとして山梨県大木戸遺跡、酒呑場遺跡、北陸地方富山県愛本新遺跡などからは猪や蛇、さらにはその合体したかのような不思議な動物がみられた（第4図）。このように中期の早い頃、縄文人は猪を観察しその特徴を土器や土製品に表現していたのである。

このような中期の早い段階の事例以外にも、東京都南八王子地区No.17遺跡や山梨県釈迦堂遺跡から猪形土製品が出土している。特に第10図7の南八王子地区の猪は長さ六・三センチという小形であるが、その形状は猪に疑いなく、顔の表現はとても可愛らしい。頭を下げた様子は3の千葉県上谷遺跡の猪に似た感じもする。表土層からの出土品であるが、遺跡の時期からみて中期でも後半から終末に近い頃とみられている。これまでみた猪に比べて釈迦堂遺跡出土の8は少し異様な感じがするが、耳や背中のたてがみはしっかりと表現されており、省略されてはいるものの猪であることは間違いない。脚は壊れてしまっているが頭を下げたような全体の表現は7に類似する。遺跡の時期から考えると、これは中期の終わり頃のものではないか。中期後半の例としては他にも、神奈川県川尻中村遺跡から、長さ五・四センチの破片ながら猪らしい土製品が出土している。

以上のように、関東から中部山岳地域にかけては、中期の早い段階と、後半という二つの時期に猪形土製品が作られていた可能性がみられた。

全国的にみても中期の猪は大変少ないが、わずかながら青森県にて猪形土製品として報告されている例がある。1は青森市三内丸山遺跡の製品である。鼻先を下に向けた形状であり、背中の表現も含め熊のような感じも受けリアルさには欠ける。一方、2の八戸市長久保遺跡の製品は体形や鼻先の様子からは確かに猪というイメージは強い。但し四ヶ所の脚や尾にあたる所には孔があいていて、棒状のものを差し込んだのではないかと考えられている。1、2ともに遺跡の時期から判断して中期の中頃あるいは後半と報告されている。先にみた関東から中部山岳地域の中期前半期の猪とは全く系統を別にする製品であろう。

このように、中期の段階においても少ないながら猪形土製品をみることができた。これらと、後期以降広がってくる猪形土製品とはつながりはあったのだろうか。私は、全く別系統のものと考えている。特に関東から中部山岳地方の猪形土製品は猪や蛇の造形が付く土器の出現とも関連した、中期初頭の縄文人が考え出した動物観に基づくものであり、同時に土偶の用途ともかかわって用いられた祈りの道具と思われる。やがて猪形土製品は影をひそめ、中期中頃になると猪や蛇は土器に描かれた物語りの主役の一つとして登場する。特に中部山岳地方にてこの傾向が強く、時には女神とともに猪や蛇が躍動する。しかし土器に表現された猪や蛇も、中期後半には殆ど姿を消してしまう。このように中期の早い段階にみられた猪形土製品は、そのまま後期にはつながらない。時代の継続性が、いまのところ認められないのである。この意味からも、中期の早い段階に作られた猪は「中期型」とでも呼ぶことができ、後期以降全国的に広がる猪形土製品とは区別できるものと考えている。

しかし、中期にしても後期にしても猪が縄文人にとって身近な、しかも大切な動物であったことは同じであったのだろう。祈りの方法は異なっても、猪に込めた願いは共通していたとも考えたい。

②抽象化された猪

これまで一見して猪をかたどったことがわかる土製品をみてきたが、実際には「これっていったい何の動物？」という不思議な造形も多い。実は、猪形が作られた時代、熊や犬をかたどった土製品も製作されており、それらとの区別がつかないものもある。ここでは、それらの中から猪をモデルにしたと思われるものをみていこう。

まず、先にみたリアルな猪形土製品を参考にして「猪らしい表現」を抜き出してみると、

（一）突出した吻端（鼻先）と鼻孔

（二）たてがみ

（三）ずんぐりとした体形

という三つの特徴を上げることができる。この三点がそろったものについてはだれがみても猪であり、特に（一）のような顔つきのものについては、それだけでも猪ということが理解できた。次に（二）のたてがみであるが、熊や犬にはたてがみはないことから、これも猪と判断する基準になる。「たてがみ」は、「身《み》の毛《げ》」あるいは「怒《いか》り毛《げ》」とも呼ばれ、どちらかというと興奮した雄猪の特徴とされている。しかし先にもふれたように雌の猪でもたてがみ部分の毛並みは背中全体の毛色と異なっており、「たてがみ」という認識はできる。いずれにしても猪の特徴の一つとしてよい。

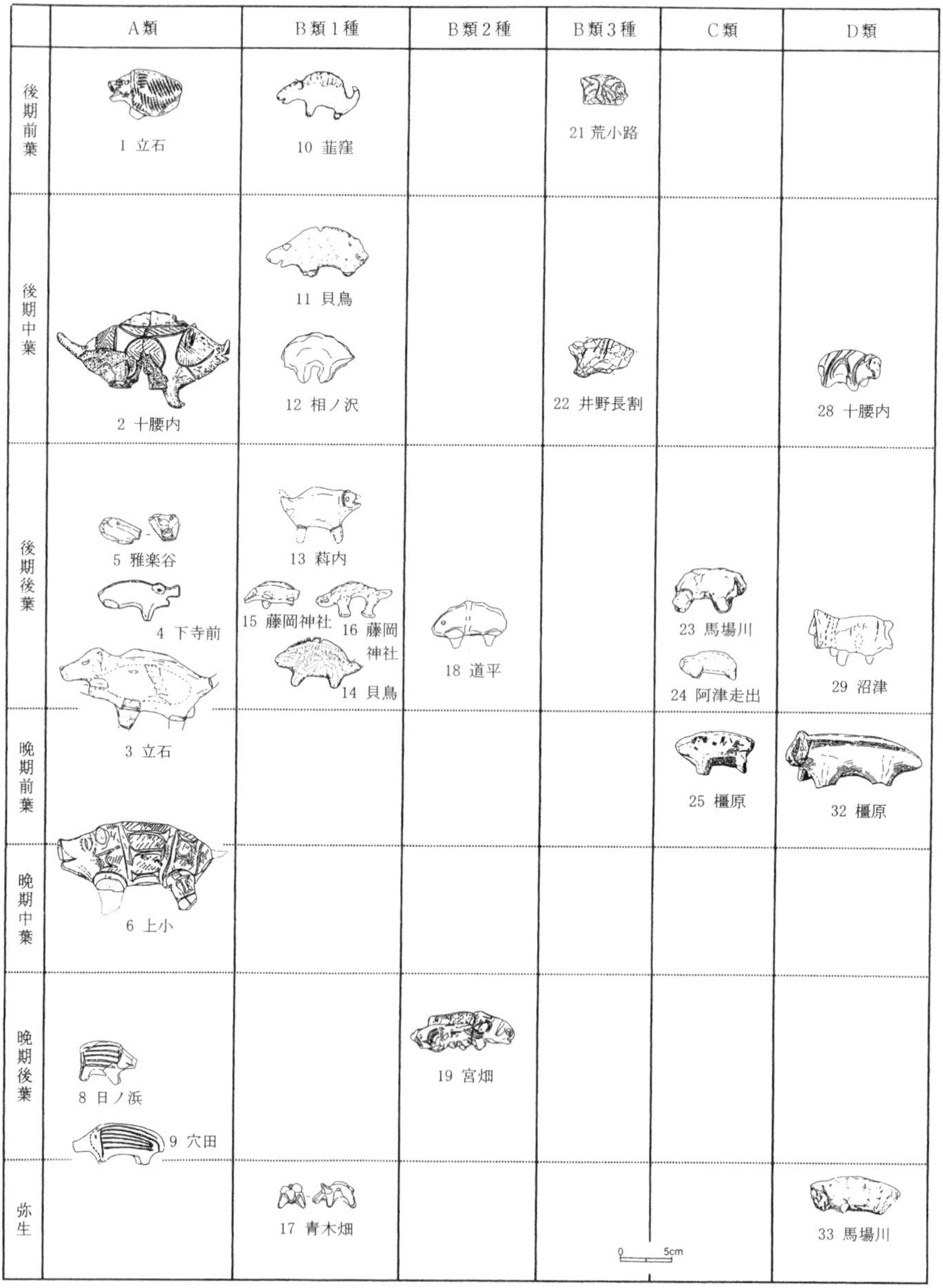

第11図　猪形土製品の種類と変遷（新津2009より）

鼻先やたてがみの表現がない場合には、（三）の体形から判断するということになる。実際、近畿地方などの西日本地域から発見される土製品には顔の表現もなく、この体形から判断するしかないような例もある。

以上のような猪としての判断基準をもとに、第11図によりいくつかの土製品をみていこう。この図は後期になって広がりはじめる猪形土製品について、表現の仕方（リアルさの程度）により分類し、しかも時代順も考えて並べてみたものである。この図に示した「A類」が先にみた「誰にでも猪と判断できる」土製品であり、「立石型」とも呼んだものである。これに対して「B類」から「D類」は一部に猪の特徴を持つものの、「本当に猪なの？」と考えてしまうような造形のもの、つまり省略や強調といった程度の違いにより分類してみたものである。

まず猪形土製品が広がりはじめる最初の時期、後期初めに東北北部の青森県韮窪《にらくぼ》遺跡から不思議な形の動物が発見されている（第11図10）。図のように細長く突き出した顔、高く盛りあがった背中、上がり気味の尻尾、これらの特徴からはなんとなく恐竜を思い起こす。正面からみた形は犬のようでもある。狼という意見もある。似たような造形は、同じ東北北部でも南端に位置する岩手県貝鳥貝塚から二点出土している（11と14）。特に11は韮窪遺跡の時期に続く後期中頃のもので、脚先や尾を欠くものの全体の形は韮窪の猪と非常によく似ている。14は後期終わり頃のもので、全身に体毛を表わすかのような刺突文があるが全体に韮窪例とおなじ体形である。貝鳥貝塚の二点でも共通して背中が盛りあがっているが、11では切れ込みがあったり14ではギザギザになっていることから、この盛りあがりが「たてがみ」を表わすことは確かであろう。韮窪遺跡の恐竜のような背中も、「たてがみ」が強調されたものとみてよい。これらの不思議な動物も、やはり猪がモデルとなっていたのである。

こうしてみると、韮窪遺跡の猪と貝鳥貝塚の猪とは同じ系列にあるものと考えてよさそうである。時期の上での変遷をみても、後期初めから後期末まで続いていたことがわかる。従って、これらを同じ表現の仕方という面から、第11図ではB類1種として同じタイプに分類した。これを韮窪型の猪形土製品と呼ぶこともできる。このような背中の盛りあがりと顔付きを特徴とすると、他にも岩手県萪内《しだない》遺跡（13）や栃木県藤岡神社遺跡（15、16）もこの系列の影響下で作られたものと考えられる。また、顔は欠けてしまっているが高く盛りあがった「たてがみ」と身体の曲がり具合からは岩手県相ノ沢遺跡（12）もこのタイプとしてよいだろう。この相ノ沢遺跡は貝鳥貝塚のすぐ隣の地域にあり、その点からも貝鳥貝塚の猪によく似ていることに不思議はない。韮窪タイプは後期初めに東北北部で出現し、その後も後期の終わり頃までには東北から関東地方にかけて広まったということになる。青森県青木畑遺跡の弥生時代とされる猪もこの系列に入れておいた（17）。なお、第11図ではB類2種として福島県の道平《どうだいら》遺跡や宮畑遺跡の猪を分類してある。道平遺跡の猪（18）は、たてがみを持つずんぐり体形であり、なんとなく可愛いらしさが漂うとともに、猪としてのイメージは強い。宮畑遺跡からは縄文時代の一番最後である晩期後半の猪が発見されている（19）。猪らしからぬが、たてがみもしっかり表現されている。この猪の一風変わった特徴は、乳首とされる表現がなされていることである。発掘調査報告書では「前足・後足及び乳房が4個」と記載されている。このような例は他にはないが、多産である雌猪の特徴を強調したのかもしれない。これらB類2種とした猪も、広くみると韮窪タイプに含まれるものと考えたい。

後期前葉という時期には、韮窪遺跡以外にも福島県荒小路遺跡から、たてがみを持つ土製品が出土している（21）。これもやはり猪とみてよかろう。この猪には顔の表現はわずかながらあるものの、全体的には長方形の粘土板を合掌造りの屋根のように合わせ、上にたてがみを表現し、下に四本の脚をつけたような形をなしているものである。これを荒小路タイプと呼んでおこう。類似した例に、千葉県井野長割遺跡のものがある（22）。

近畿地方では大阪の馬場川遺跡と奈良県橿原《かしはら》遺跡から、この地域独特の土製品がいくつか発見されていることから、これらをC類として分類した（23、25）。また岡山県阿津走出遺跡からも類似したものが出土している（24）。はっきりしたたてがみはみられないもの、ずんぐりとした体形からはやはり土製の猪とみておきたい。特に馬場川（23）や橿原（25）の体形は猪そのものと言ってもよい。時期は後期後半であるが、これらを馬場川型としておく。但し馬場川型自体も、その始まりは東日本方面にあるものと思われる。特に栃木県藤岡神社遺跡の猪の中の一つや、千葉県吉見台遺跡例など、顔面の表現が省略されたものも多いからである。

ところで、橿原遺跡には人の顔のように平らな顔面を持つ動物がある（32）。はっきりとしたたてがみを持つことから猪と考えているが、それにしても異様な造形であり、他のタイプとは異なることからD類として分類しておいた。このような造形は橿原遺跡だけではなく、リアルな猪が出土している青森県十腰内遺跡にも、似た表現の猪があり（28）、たてがみはないものの宮城県沼津貝塚（29）、さらには大阪馬場川遺跡からも出土している（33）。ここでは橿原型の猪と呼んでおくが、身体と直角に平らな顔面をとりつけるといった点では、青森（28）や宮城（29）の例からすると、東北地方からの系列であったことも考えておきたい。

土で作られた猪の造形表現からみると、以上のようないくつかのタイプに分類できそうである。しかし出土点数がさほど多くないこと、詳しい時期がわかる事例が少ないことなどから、確かな分類や変遷をたどることはなかなか難しい。

以上、先にふれた中期の猪形土製品の図（第10図）および後期以降の分類図（第11図）からわかることをまとめてみよう。

一　中期には、その早い段階の時期に関東地方東部から中部山岳地方にて猪形土製品が出現する。

二　後期になると、広い地域にて猪が作られはじめる。しかし猪の形から判断して中期の猪形土製品が各地に広まったという継続性は、考えられない。

三　後期初めの猪は、立石遺跡のようなリアルなものもあるが、「たてがみ」や体形を特徴とするものの、写実性に欠けるものも多い。

四　東北北部から関東東部が多く作られた地域であり、特に後期中頃以降盛んになる傾向がみられる。近畿地方では後期後半以降に作られるようになる。

五　土器と同じような文様で飾られるものもあるが、多くは無文であり、手でこねて作られたようなものが多い。

六　完全なものは少なく、体の一部なりとも壊れているものが殆どである。

以上のような特徴がわかるが、縄文時代の遺跡全体からすると、猪形土製品が出土する遺跡は非常に少ないことも確かである。しかし出土する遺跡からは、複数の猪がみられる傾向も強い。つまり猪形土製品を出土する遺跡には、偏りがあるということであろう。これを必要とした当時のムラ、それは限られたムラであった可能性がある。このことについては、後ほど用途とあわせて考えてみたい。

さらに、問題はある。後期初めという時期に猪形土製品が広まっていくが、この時期に立石遺跡にみるようなリアルな猪（立石型）と、韮窪型、荒小路型といった猪らしからぬものが同時に出現していることである。猪を目の当たりにしながら土製品を作るのならば、立石遺跡や十腰内遺跡にみる「立石型」のような「だれがみても猪」と判断できる造形を製作するはずである。この理由とはいったい何か。これについても最後に考えてみたい。

③猪形土製品の役割とは？

縄文時代の人々は、まず土器に猪を付け、やがて土器と同じような粘土にて猪の形を作った。土製の猪の出現である。中期にも一部の地域に現われたが、より広い地域にて作られるようになったのは後期になってからである。その形には、本物の猪をすなおに写し取ったものから一部の特徴を強調したものまで、いろいろな表現がみられた。これまでに東北地方から関東を中心に、北海道、近畿、中国地方にまで発見されている。その数を正確につかむことはなかなか難しいが、これまで多くの研究者によって調査研究や集成が行なわれてきた。これらの成果を紹介しながら全国的な傾向を整理してみよう。

まず昭和三十五年、江坂輝彌氏は名著『土偶』を刊行した（江坂一九六〇）。全国的な土偶の集成であるとともに、岩偶・土版・仮面などの土偶関連遺物も掲載されている。加えて動物形土製品も扱われており、北海道から奈良県に至るまでの間の地域から四十一例が集成され、その中で猪形土製品及びその可能性あるもの十七例が紹介された。時期的にも後期後半から晩期に多いという特徴がすでにとらえられている。なお、動物形土製品並びに猪形土製品という用語の使用についても、この著書中にて江坂氏が提唱された。

その後江坂氏は、狩猟文土器や特徴的な動物形土製品の出土でその名を知られることとなった八戸市韮窪遺跡の報告書でも、調査担当の北林八洲晴氏とともに全国四十二例という猪形土製品数をあげた（北林一九八四、江坂一九八四）。これによると、北海道1、東北33、関東5、中部1、近畿1、そして九州1、という内訳になっている。但し九州（長崎県五島列島）出土の一点について江坂氏は後期土器の獣面把手としている。次に設楽博己氏は種類の特定できないものも含め動物形土製品の全国数を百七十四例ほどとし、その内訳を「イノシシ89、クマ9、サル9、イヌ6、シカ3、カメ3、貝11、サカナ1、ウニ1、不明33」とした（設楽一九九六）。時期については、東京都多摩ニュータウン遺跡及び青森県三内丸山遺跡出土品を中期後半としこれらを最古としながらも、後期・晩期には北海道から岡山まで各地に広がったとみている。一方地域を限りながらも詳細な検討・集成研究として、『東北民俗学研究』六号での成果がある（東北学院大学民俗学OB会一九九九）。ここでは土製、石製、骨角製、木製それに土器なども含む動植物意匠について、北海道・東北七道県のそれぞれの担当者の分担により集成が行なわれ、動物形土製品（獣類、鳥類、両生類、魚介類など）とみなされるものは二百点近くが確認された。この中にて猪および猪の可能性ある土製品は四十例ほどを数えることができる。この成果を活用する中で、斎野裕彦氏も同様の地域での動物装飾を扱い、四肢獣形土製品・石製品を対象とした集成により、早期・中期も含め八十五遺跡百二十六点を確認した。四肢獣形土製品とはクマ、イヌ、イノシシなどの獣類を指している（斎野一九九九）。その一覧表からみると猪については確実なもの三十一点、その可能性あるもの九点、合計四十点を数える。他の動物としては不確実な個体も含めてクマ三十三点、イヌ七点とされている。クマの点数が多いが、このうち十五点が北海道からの出土例であり、残りも多くが東北北部であることから地域的な現象ということにもなる。やはり四肢獣では猪が圧倒的に多いという傾向は把握できる。時期として後期初頭に出現し、晩期を経て弥生初期にまで続くことが確認されている。その後『東北民俗学研究』六号の成果に動物装飾の出土例を追加した金子昭彦氏の成果では、猪形も四例が加えられている（金子二〇〇四）。また、関東地方の事例については小野美代子氏が後期七例、晩期七例の十四例を紹介している（小野二〇〇三）が、同時に東北、関東での動物形土製品については八十七遺跡百七十三例十九種類（獣のみならず鳥類、昆虫、貝類も含む）という集計をも行なっている。他の地域については顕著ではないものの、近畿地方では大野薫氏が大阪府馬場川遺跡、奈良県橿原遺跡、岡山県阿津走出遺跡の三ヶ所から合計十点の動物形土製品を紹介している（大野二〇〇三）。この中では猪四点をあげている。以上から猪形土製品の全国での出土数は、その可能性も含めて最少で六十余点、最多で八十九点という集計となる。関東や中部山岳地域の中期の例なども含め、その後の出土数や未確認を含めても百点以内というのが現状での数値である。

土偶が日本全体で一万五千点ほど発見されていることから比べると、極めて少ないことがわかる。しかし、少ないとはいっても北海道から西日本の一部まで広い範囲にわたり、特定の縄文ムラにて作られていたことがわかった。しかも作り方にはいくつかのタイプがみられたように、一定の系統に基づいていたのである。ではその用途とは何であったのだろうか。

他の動物形土製品も含めて明治以降の研究史の中では、玩具説・護苻説・祭祀説などが考えられてきた。近年では特に祭祀にかかわる見方が多くなっているが、祭祀とはいってもどんな祭りや祈りに用いるかについてはいくつもの見解がある。いくつかを紹介してみよう。大竹憲治氏は道平遺跡にて焼けた猪の骨とともに猪形上製品が出土したことから、これを動物祭祀、狩猟祭祀にかかわる遺物とした（大竹一九八三）。もともと動物祭祀という観点に立っていた金子浩昌氏は、猪形土製品や焼かれた獣骨などが同時に出土している千葉県上小貝塚の例も含め「動物霊に対する呪術」という考えを主張したが（金子一九九五）、土肥孝氏は「狩猟シーズンに入る前の狩猟の無事と豊猟を願う儀礼に使った土製品」とさらに断定した考えを示している（土肥一九八五）。狩猟儀礼という点では、猪を含む東北地方の四脚獣形土製品を狩猟儀礼の道具と考えている斎野氏の研究も知られている。

金子浩昌氏は上記の考え以前にも、猪形土製品とともに土偶が多く出土している岩手県貝鳥貝塚の報告書にて、土偶との関連を示唆されたこともある。この土製品を土偶と関連づける考え方は、岩手県立石遺跡の調査を行なった中村良幸氏も主張している。多くの土偶が出土している立石遺跡から発見された猪形もまた、土偶と同じように身体の一部が壊れているからである。これまでにもふれたように、土偶とは縄文人が考えた女神信仰の造形であり、完全な形で出土する例が少ないことから、わざわざ壊されることに意味があったものと考えられている。立石遺跡ではこの土偶と同じ場所から猪形土製品が出土しており、しかも身体の一部が欠けているのである。同じような事例は、千葉県上小貝塚の見事な猪形にも共通する。前項でも紹介したように、この猪の欠けた脚は別の場所から発見されていることから、上小貝塚を調査した忍澤成視氏は、わざわざ壊し別の場所に廃棄したとして、土偶との類似性を主張するとともに、その意味を「多産系の動物として知られるイノシシをまつり子孫繁栄を願った祭祀行為に使用された」と考えた（忍澤一九九五）。この上小貝塚の猪には土偶と同じ文様が付けられていることからも土偶との共通性がみられる。

以上のように、猪形土製品は祭祀にかかわったものととらえる傾向が目立っている。特に土偶と同じ役割を持つという考え方も興味を引く。

もちろん猪以外にも熊、犬、鳥、亀などの動物とみられる土製品もあり、動物形土製品全体としての役割から考える必要はある。しかしこれら動物形土製品の中では猪が目立っており、やはり縄文人にとって猪が他の動物とくらべても特別の意味があったと考えたい。

今回整理した猪の製品が作られた時期や地域、それにいくつかに分類できるタイプの継続性などを考えてみると、猪形はやはり動物祭祀にかかわった土製品と考えてよさそうである。食料としても欠かすことのできない動物であることに加え、縄文神話にも登場するような大切な動物である猪、それにかかわった祈りの「道具」が猪形土製品であったと考えたい。先にみたように、縄文中期の人々は土器の表面に猪を登場させた。中期縄文人にとって猪は、豊か

第12図　栃木県藤岡神社遺跡の犬と猪形土製品など
（栃木県教育委員会・他1999より）

な生活をもたらしてくれる神話世界の重要なキャストであったからに他ならない。猪形土製品が広まる後期という時期には、その物語りを土器に描く方法はすでに廃れてしまっていた。そのかわりを猪の土製品が務めたとするには、あまりにも出土例が少なくまた派手さもない。しかし後期、晩期の縄文人にとっても猪はやはり重要な祭祀を受け持っていたことは間違いないと思われる。それは次の項目でふれるが、後期や晩期には「猪そのもの」を用いた祭りが行なわれていたことが、頭や下顎の骨が特殊な状態で出土することから確認できるからである。豊猟を願う祈りに、そして豊猟をもたらしてくれた感謝の祭りに、これら猪形土製品が用いられたのではないか。そして時には、豊穣の女神である土偶に対する祈りとともに、猪の土製品にも同じ願いが込められたこともあったのであろう。しかし、土偶にくらべ出土数は圧倒的に少ない。やはり実際の猪そのものを用いた祭祀が主体であり、猪形土製品はそれに付属した形で用いられたことが原因なのかもしれない。

最後に、犬とのかかわりについてふれておきたい。栃木県藤岡神社遺跡からは土製品の犬一点と猪とみられる動物が四点出土している（第12図）。これらの時期は後期後半と思われるが、百メートル×二十メートルの範囲内にてそれぞれが離れた場所から出土していることから、全てが同時に作られそして使われたということではない。しかし同じ遺跡にて同じ頃に、猪とともに犬の土製品が出土することは、そこに住んだ縄文人の周囲に犬と猪がいたことを意味する。ここで土製品の犬をよくご覧いただきたい。前足を踏ん張り、何かに向かって吠えている姿は何というリアルさ

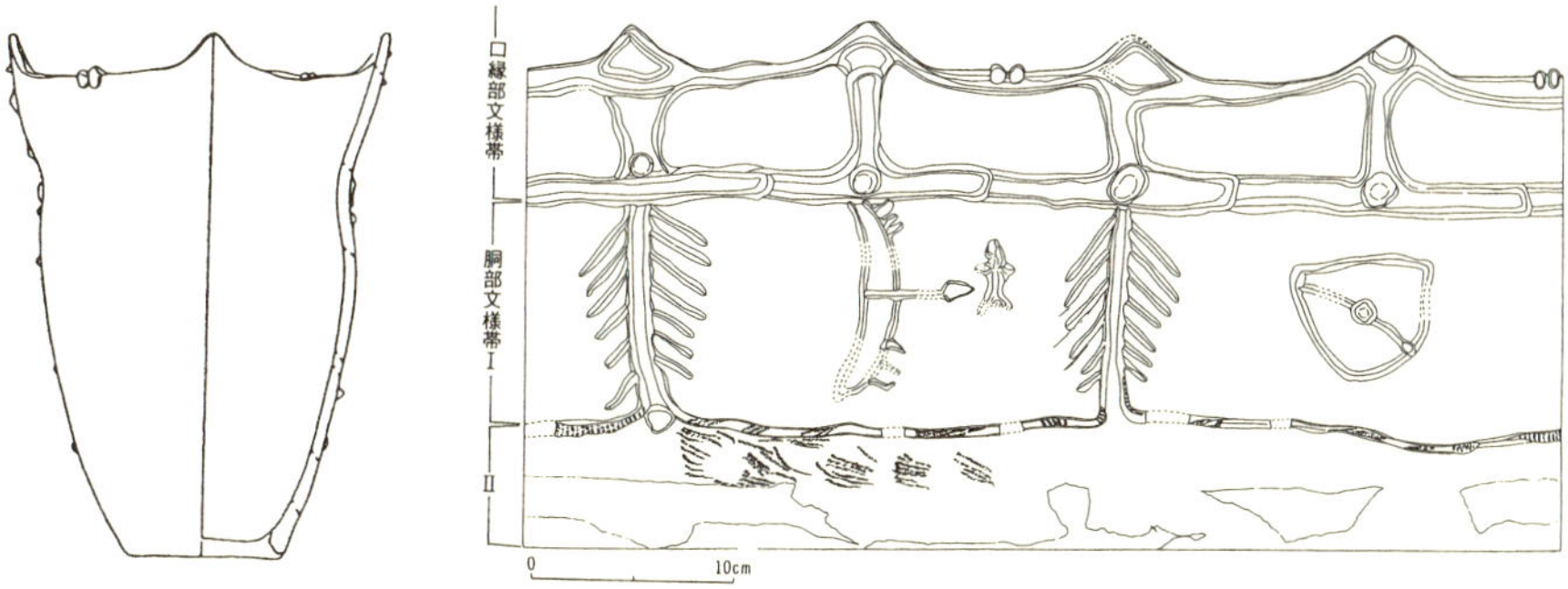

第13図　狩猟文土器（青森県韮窪遺跡）（青森県教育委員会1984より一部加除修正）

であろうか。犬の特徴をよくとらえているこの造形からは、縄文人の飼犬であることは容易に想像がつく。縄文貝塚からは埋葬された犬の骨が発見される例も多く、すでに犬が飼育されていたことがわかる。千葉県高根木戸遺跡から発見された埋葬犬の一匹には、脚を骨折しながらも大切に育てられていたことが観察されている。福島県薄磯貝塚出土の犬にも、右脛骨に骨折したあとの治癒痕がみられるという（大竹・山崎一九八三）。藤岡神社遺跡の土製犬も、飼育されていた愛犬であろう。その飼育の理由として、まず猟犬ということが思いつく。高根木戸遺跡の犬も、獲物を追い詰めた時の負傷なのであろう。脚を踏ん張って強烈に吠え続ける藤岡神社遺跡の犬もまた、獲物に向かう猟犬そのものの姿態ではなかろうか。その獲物が猪であったことは十分に考えられる。やはり藤岡神社遺跡の縄文人にとって犬と猪というそれぞれに対しての思い入れがあったに違いない。縄文人の単なる思いつきによる造形ではなく、狩猟に関しての祈りや願いから造形された製品ということができる。詳しい時期や出土場所はわからないが、千葉県吉見台貝塚からも犬と思われる土製品や猪が発見されたことが報告されている。

（四）後期の土器に付く猪

中期後半以降、縄文人は土器に猪を付けることをやめた。そして後期になると、それまで限られた地域でしか造形されなかった猪の形をした土製品が、東日本から西日本の一部にまで広い範囲にわたって作られるようになった、というのが前項までの結論であった。しかし、後期以降も土器に猪が付けられることが全くなかったわけではない。限定されてはいるものの地域によっては土器に猪、あるいは猪に似た動物が描かれることもわずかではあるが行なわれていた。ここではそのような例についてふれてみよう。

まず青森県八戸市の韮窪遺跡から発見された深鉢形土器には、なにかしら意味ありげな情景が描き出されている。弓矢とともに動物が立体的に張り付けられているもので、弓矢と動物の両側にはやはり粘土紐による「肋骨」のような造形があり、その先には円形の表現もある（第13図）。動物をまさに射ろうとするその表現から、この土器は「狩猟文土器」と呼ばれることとなった。肋骨のような表現は樹木であり、円形の文様は落とし穴という説もある。すなわち樹木に囲まれた一帯にて動物に矢が向けられ、山野の一画には落とし穴が設けられているという情景がよみがえる。樹木や落とし穴説には異論もあるが、少なくとも四脚動物の側面に矢が向けられ、まさに射抜かれようとする場面からは、誰しも狩猟というイメージを思い浮かべるであろう。ただしそれが実際の狩猟という場面であったのか、あるいは儀式の様子を描いたものであるのかは、よく考える必要がある。例えば北海道に伝わる熊祭りのような儀式もあるからである。

この種の土器は、昭和五十八年に初めて韮窪遺跡の報告書で紹介された後、北海道南部から東北北部を中心に発見が続き、斎野裕彦氏の集成によると現在までに二十三点が知られている。これらの土器の文様構成は全く同じということではなく、弓矢、獣、樹木といった構成要素の一部あるいはいくつかの組み合わせから成っており、さらに人体を表現した文様が主要な要素となるグループもある。これらが総称されて、狩猟文土器と呼ばれている。発見されている地域は、東北地方北部の青森、秋田、岩手を中心に北海道南部も含まれるが、東北南部である福島県からも一点が出土している。今後東北全域から発見される可能性はあるものの、やはり東北北部が中心ではあろう。これが作られ、そして使われた時期は、中期の終わり頃から後期前葉というように大変限られている。

用途については、韮窪遺跡の調査報告書では次のように記述されている。「外面に煤状のものが付着し、胴下半部がよく焼けていることから煮沸用であったと思われる。しかし、日常用として使用していたのではないだろう。恐らく、獲物（動物）が沢山とれることを祈願する祭祀用の器ではないかと考えられる」（北林一九八四）。

すなわち動物祭祀にかかわって使われた祭祀用の土器ということになる。文様の意味については、「豊猟願望」（土肥孝氏）、「豊猟を願う儀礼に関わる祭器」（福田友之氏）、「狩猟儀礼に用いられる祭器」（斎野裕彦氏）などの考え方がなされているが、さらに福田氏は狩猟文土器が広まった後半には、「あの世での豊猟を願う儀式」「葬送儀礼にかかわる祭器として甕棺にも用いられる」とした（福田二〇〇一）。

地域的にも時期的にも限定されている狩猟文土器ではあるが、この絵画的な造形には、かつて中期縄文人が土器に描いた神話のような物語りとはまた異なった、東北後期縄文人の実際の行動あるいはそれを基本とした儀式にかかわる一つのストーリーが表現されているものと思われる。

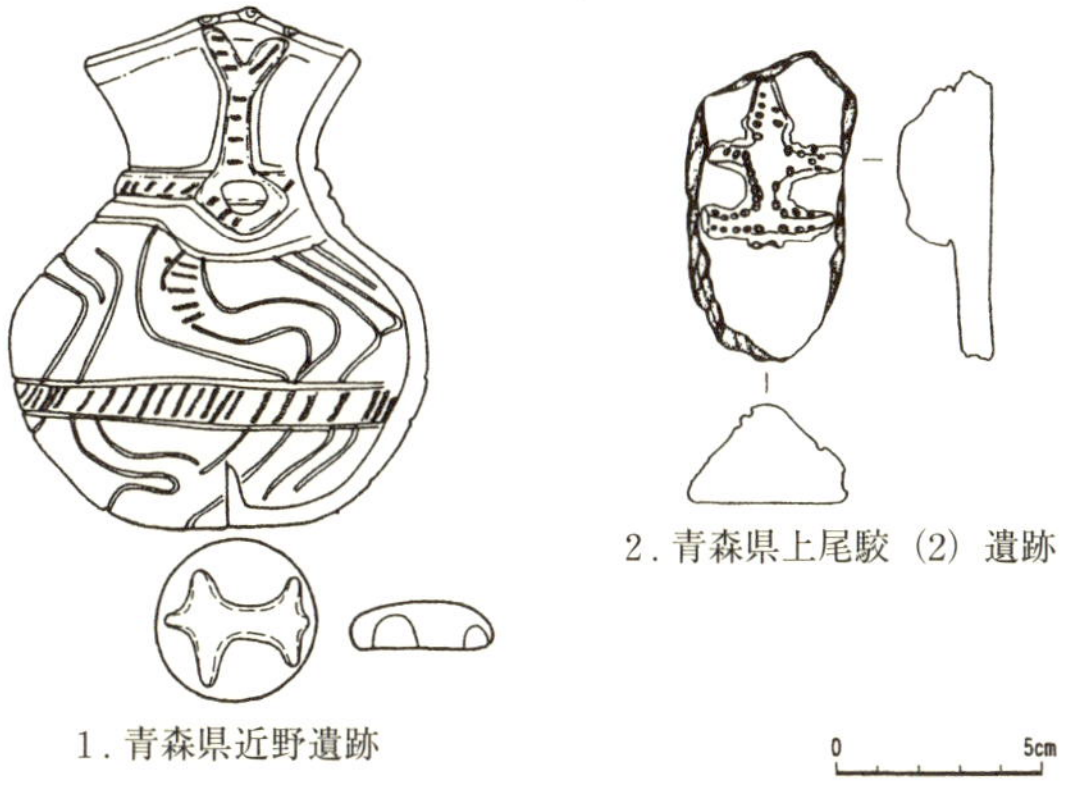

第14図　動物形内蔵土器（各報告書等より）

狩猟文土器とほぼ時を同じにして、地域も同様の東北北部を中心に「動物形内蔵土器」という、これもまた他に類をみない独特の土器が出現する。福田氏の集成では青森、秋田の五遺跡から十一点が発見されている。土器全体が残っているのは青森県近野遺跡の一例しかないが、高さ十二・六センチという小さな壷形土器の内部の底に、四脚の動物が張り付けられていることがわかる。動物の形をした土製品が、土器の内部に収められている、という意味の土器である。頚が細い壷の中の動物であることから、光りをあてなければその姿は全くわからない。以前私は、山梨県立考古博物館で開催した特別展にて、この土器を青森県立郷土館から拝借し展示したことがあった。その時も土器の口のあたりに小さい電球を点灯して、中の動物を観覧できるようにしたことを思い出す。同時に動物の様子がよくわかるように、青森県上尾駮《かみおぶち》遺跡例をも展示した。それは上尾駮のものは底の破片であったことから、動物を目のあたりにすることができるからであった（第14図）。

どのような理由から、壺の中に動物を入れることになったのかは定かではないが、東北地方にて縄文時代を研究している藤沼邦彦氏は、落とし穴に落ち込んだ動物のようだと表現した（藤沼一九九七）。加えて「悪い動物や精霊を暗闇の世界に閉じ込めた」ようでもあると想像した。やはり実用品でないことは確かであり、福田氏が主張する「動物儀礼の祭器」という考えは正しいであろう。斎野氏も狩猟儀礼の祭器とするものの、さらに「土器の内部を屋内での儀礼空間」と見なすことにより、狩猟文土器・動物形内蔵土器・四脚獣形土製品の三種を、一連のつながりの中でとらえるという興味深い見解を示している（斎野二〇〇五）。つまり、狩猟儀礼という流れの中でまず狩猟文土器が現われ、それが動物形内蔵土器を介して四脚獣形へと展開していくというのであり、そこには屋内祭祀から屋外祭祀への移行があるという。四脚獣形土製品には先に扱った猪形土製品も含まれることになるから、その起源も狩猟文土器に遡るという考え方になろうか。この点、猪形土製品が出現する地域や時期と、狩猟文土器及び動物形内蔵土器の地域や時期との関連をしっかりとつかむことが大事である。

なお、狩猟文土器及び動物形内蔵土器に付けられた動物の種類についてふれておきたい。この動物については四脚獣という表現はされているものの、熊あるいは猪の可能性も考えられていた。韮窪遺跡の報告書では動物の種類は特定しないこととしているが、同時に出土している土製品（第11図10）については猪という意見もあることから、狩猟文土器の動物も猪の可能性を残している。福田氏は特定の動物というよりか、猪や熊などの狩猟動物を表現したものと考えている。さらに興味を引くのは「狩猟文土器」のシーンを、幼い熊を儀礼的に殺す「熊祭り」という観点からとらえた春成秀爾氏の見解である（春成一九九五）。春成氏が狩猟文土器の動物を熊と見なした理由は、猪のような「たてがみ」が表現されていないことからでもある。

私は前の項にて土製の猪の特徴として、鼻孔を含む鼻先の表現、たてがみ、ずんぐりした体形の三点をあげたが、狩猟文土器や動物形内蔵土器の動物達にはこれらの特徴ははっきりとしない。上尾駮遺跡の動物形内蔵土器などはまさに熊のようでもある。私も直感として、狩猟文土器の動物を熊とみた。それも幼獣であった可能性は極めて高いものと考えられる。

先にも書いたように狩猟文土器のシーンは、実際の出来事を土器に表現したものと思われる。その出来事とは動物を用いた儀式であり、その際に用いた動物が猪および熊であった可能性はあろう。近代アイヌに伝わる熊祭りの思想は「物送り」に基づく一つの儀式でもあるが、そこには動物への鎮魂と豊猟祈願があったと考えられる。この「物送り」の考えが歴史的にどこまで遡ることができるかは大きな課題であるが、少なくとも猟により捕獲され食料となった動物そのものに対する儀式ということになる。一方、犠牲獣という考え方もできる。この場合祈りの対象は別にあり、その願いを成就するために動物をささげるということになる。狩猟文土器に描かれた意味が、狩猟のシーンなのか、物送りの儀式なのか、さらには犠牲獣を必要とした祭りなのかは定かでない。狩猟シーンや物送りであるならば、その時に対象となった動物であり、犠牲獣ならばやはり祭りの内容によって動物の種類が決まることになろう。狩猟文土器及び動物形内蔵土器の動物は、その時々によって変わってもよいのかもしれない。それが熊であっても猪であっても良いということになる。

狩猟文土器や動物形内蔵土器が作られた時期は、非常に短い。その短い時が過ぎる頃、動物形土製品が広まってくるのであり、そこには熊もあるものの特に猪が目立ってくることも確かである。今後、動物の骨格が発見されることによって、祭りに使われた動物の種類や年齢などが分かってくるものと思われる。この方面での調査研究に期待したい。

なお、韮窪遺跡からは、狩猟文土器ばかりでなく猪とみられる土製品も出土していることはすでに紹介したとおりであり、一見猪とは思われないものの強調されたたてがみ表現から「韮窪型」（第11図のB類1種）としたところでもある。その際にもふれたが、同じ後期初めの時期に岩手県立石遺跡からは、はっきりと猪とわかる土製品もみられ、このタイプを「立石型」とした。つまり土製の猪が広がりはじめる後期前葉には、「韮窪型」と「立石型」とが存在

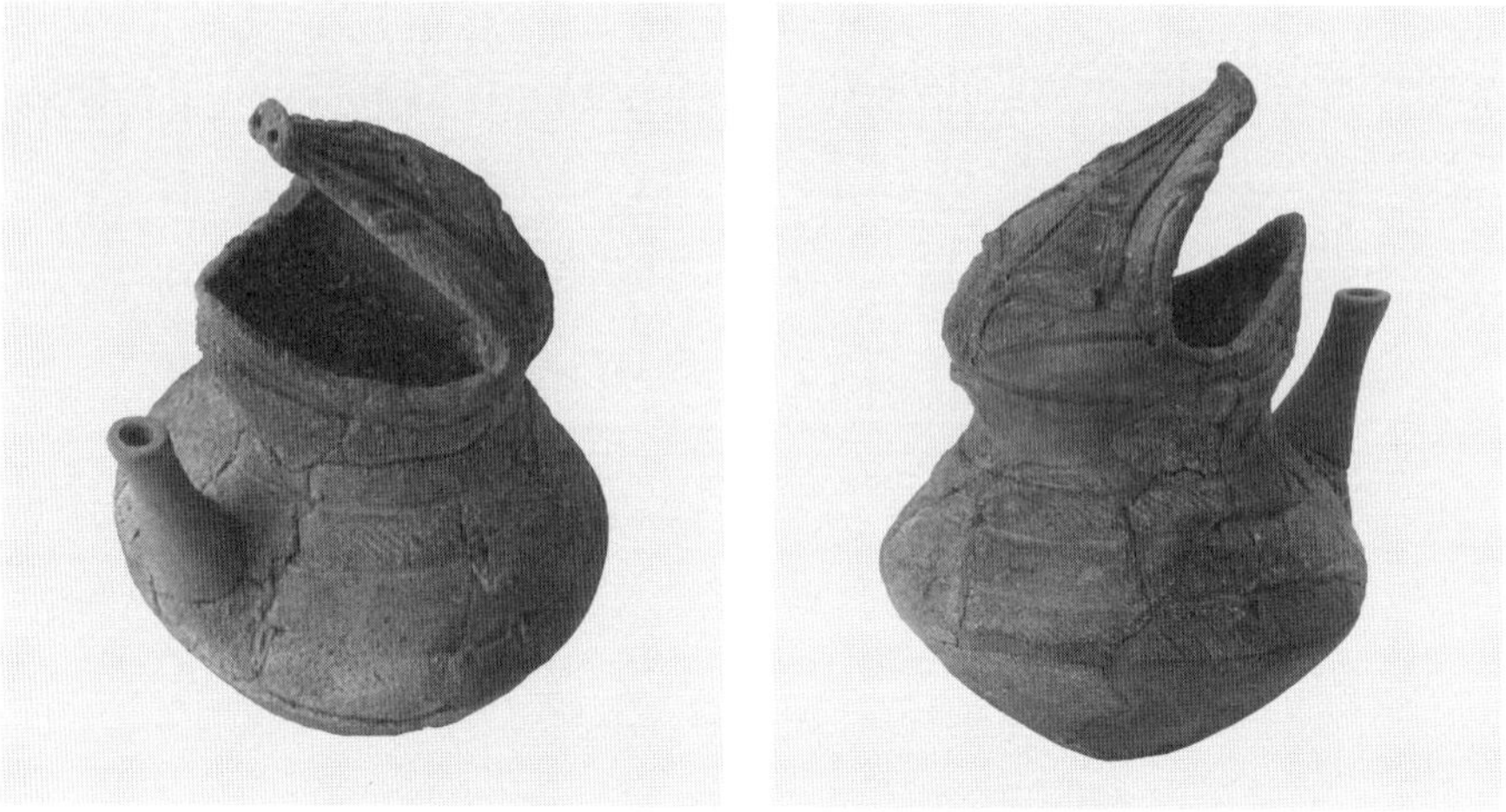

写真26　猪を模した注口土器（富山県井口遺跡）
（富山県埋蔵文化財センター『井口遺跡』2010より転載）

していたわけである。この二つのタイプはその後も並行することになる。

このように、韮窪遺跡出土の猪形土製品を一つのタイプとしたが、狩猟文土器の動物とのかかわりからすると、必ずしも猪に限定する必要はなく、そこには熊や狼といった動物の意味が組み込まれていてもよいのかもしれない。特に太く反りあがった尻尾は、熊や猪にはふさわしくない表現でもある。このように考えると、東北北部にて猪形土製品が広がりはじめた時期に「立石型」と「韮窪型」という二つのタイプが存在したことは、動物にかかわる祭祀として、猪を対象としたものと、猪に限ることなく熊や狼を含めたさらに広い範囲での「動物」を対象としたものとが同時に存在していた可能性も考えられる。

最後に、北陸地方の富山県井口《いのくち》遺跡から出土した土器を紹介しよう。

これは注口土器と呼ばれる、そそぎ口を持った土器である（写真26）。注口土器は中期の終わり頃からみられるようになるが、このような土瓶形は後期になってから現われる。後期の後半とされる井口遺跡の注口土器は独特の形をしている。というのも、この土器の口の部分には、蓋のような覆いがあり、この先端には鼻の孔のような窪みがついているからである。突出部とその先にあ

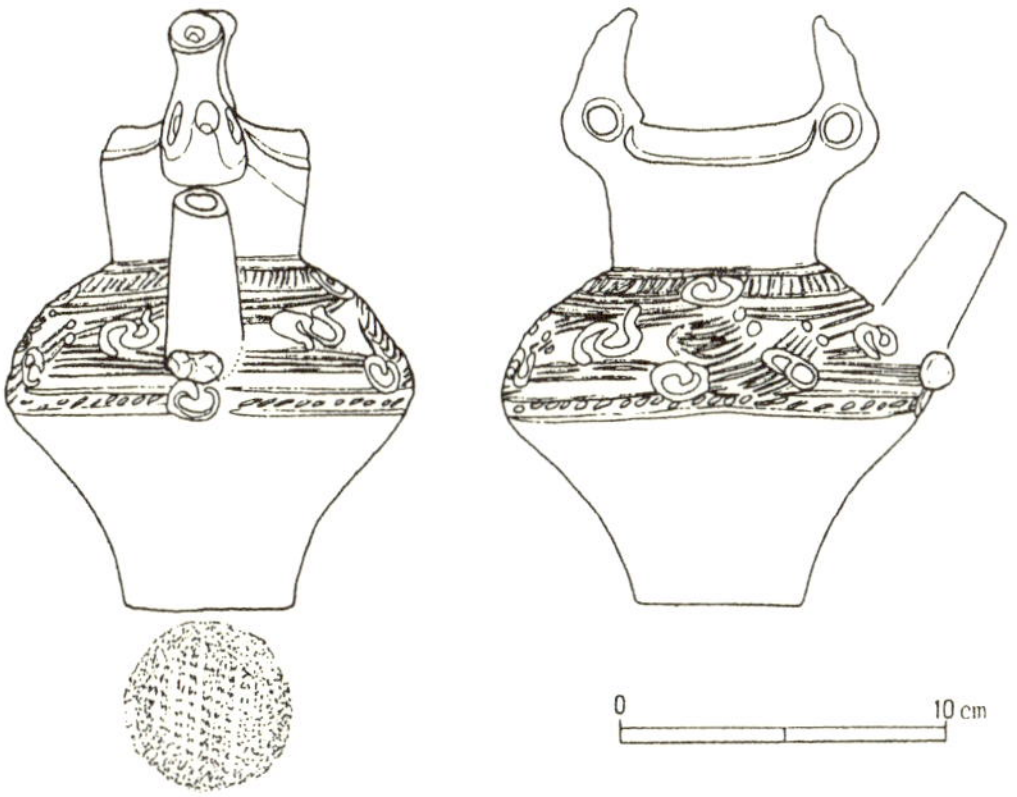

第15図　玉のついた注口土器（山梨県金生遺跡）
（山梨県教育委員会1989より）

る鼻の孔、この造形はこれまでみてきた猪の特徴そのものではないか。つまりこの土器は、口縁が下顎、鼻先が付いた蓋のような部分が上顎ということになり、ぽっかりとあいた口を含め、注口土器の頸から上が猪の頭を表現していることになる。山本正敏氏はこの土器について、上顎の一部に牙が表現されていることに注目し、これを雄猪とみた（山本一九八三）。さらに山本氏は、現在こそ猪が生息しない雪深い北陸地方ではあるが、この土器の存在や氷見市の朝日貝塚での猪骨の出土例などから当時猪が身近な動物であったことを説いている。縄文の猪造形では、これまでもみたように牙の表現は少ない。

注口土器は、液体をそそぐための容器である。その液体とは何であったのだろうか。東京都なすな原遺跡からは、注口土器のまわりから炭化したエゴマの実がたくさん発見された。エゴマというのはゴマに似た紫蘇科の植物で、これからは油が採れたという。このことから注口土器に入れた液体とは、油であったことも考えられる。一方、中期に発達した有孔鍔付土器というこれもまた不思議な土器がある。この土器には「太鼓」説と「酒造具」説という二つの説があり、いまだ決着はしていない。この論点については別の機会にゆずるとして、酒造具説からみると有孔鍔付土器が注口土器につながっていくことも考えられている。この説に立つと、注口土器に入れた液体は酒であったことになる。この場合酒とは、山ブドウなどの果実から醸した酒である。山梨県立考古博物館では以前有孔鍔付土器にかかわる特別展を開催した際、土器を使って酒を造る実験を行なったことがあり、山ブドウをつぶし糖分を加え、土器に入れておくと発酵することが確かめられた。注口土器からそそがれる液体、それは神にささげる祈りの酒、という推測も成り立つのではないか。

　ところで井口遺跡の注口土器は牙を持った猪の造形であり、雄を表わすものと考えられた。猪が表現された注口土器は大変珍しいが、注口土器が「男性」を表わす事例は他にもある。山梨県金生《きんせい》遺跡の注口土器には、そそぎ口の付け根に睾丸を意味するかのような二つの瘤が付けられている（第15図）。他にも東北や関東などの後期中葉以降の注口土器には、このような例が少なくない。注口土器自体が男性を意味するとなれば、井口遺跡の猪形注口土器が雄猪であっても不思議はない。雄猪の身体から注がれる酒、そこにはどのような意味があったのであろうか。雄猪の強さにかかわる願いなのであろうか。

　これまで、縄文土器を飾る猪や土製品としての猪をみてきた。時期により表現は異なるもののそこには縄文人を引き付けた猪の強い力をみることができた。時には縄文神話に登場する強烈なキャラクターとして、時にはユーモラスな表情の造形として、さまざまな地域にて確認することができた。それは猪が縄文人のくらしに密着した動物であったからに他ならない。縄文人がつくりあげたさまざまな猪造形、そこからは人と猪との深い関係を読み取ることができる。

第二章　猪の埋葬、そして祈り

一　埋葬された猪

縄文時代の遺跡から発掘される猪は、造形上の製品だけではなく、もちろん猪そのものの出土例も多い。例えば貝塚からは、貝殻に混じって当時の縄文人が食料とした動物の骨が発見される。猪骨は鹿の骨角と並んで多く出土することから、当時の人達にとって重要な食料源であったことがわかる。同時に、貝塚からは猪が丁寧に葬られた例もわずかではあるがいくつか知られている。

まず宮城県田柄《たがら》貝塚の例を紹介しよう。ここからは猪の全身骨格二体が発見されている（第16図）。二体とも猪の幼獣であり、直径二十センチ～三十センチという小さな丸い穴の中に埋葬されていたものである。骨の大きさや歯の生え具合から、1号猪と名付けられたものは生後二～三ヶ月、2号猪は生後六ヶ月とされている。いずれも幼い猪で、特に1号猪はからだに縦縞模様がみられる「ウリボウ」と呼ばれる頃の猪である。「ウリボウ」は「瓜坊」であり、キュウリのような縞文様がみられる猪の幼獣独特の文様からつけられた名称である。この頃の猪は本当に可愛らしい。また人にもなつきやすいことは、最初に紹介した渡辺新平氏が飼養した「はな子」の例からもよくわかる。この「ウリボウ」を含む幼い猪が二体、埋葬されていたのである。その埋葬されていた場所が、大変興味深い。なんと人骨十八体が発見された、ムラの墓地とでもいうような場所であったからである。しかもその一帯には、犬が二十二体も埋葬されていた。つまり人が埋葬される場所に、犬や猪も葬られていたのである（第17図）。この区画が人の墓域として継続した時期は、縄文後期前半から晩期の間であり、埋葬された犬の時期も後期中頃から晩期前半とほぼ重なってい

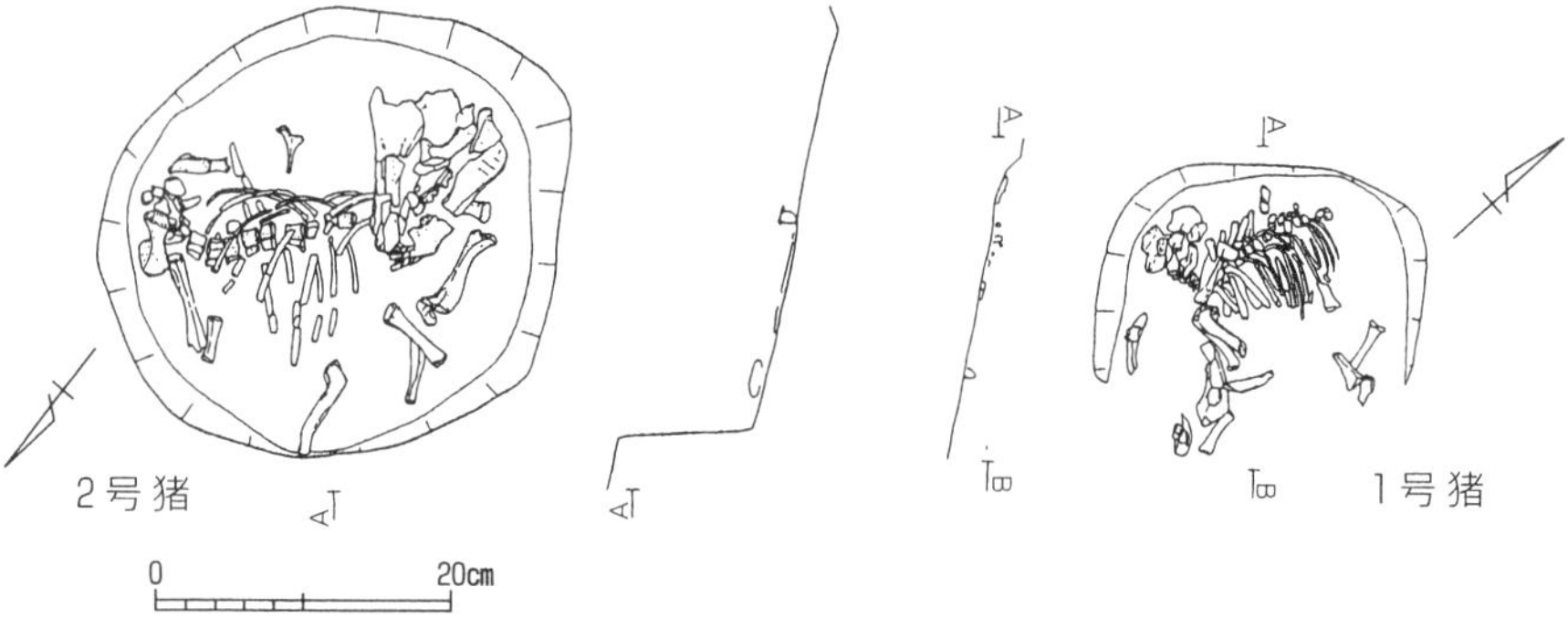

第16図　子供の猪の埋葬（宮城県田柄貝塚）（宮城県教育委員会1986より）

るが、特に後期後葉とみられるものが十五頭と最も多い。この後期後葉という時期に、二頭の猪も埋葬されたのである。

犬が埋葬されていたということ、それは人と犬との深い関係を示す。つまり犬が人に飼われていたことを意味するものであろう。本題とはちょっと離れるが、ここで人と犬との埋葬関係について少しばかりふれてみよう。前にもふれたように、全国的には犬の埋葬例は多く、中でも千葉県高根木戸遺跡発見の埋葬犬には、骨折しながらもそれが治癒していたという例もある。金子浩昌氏の鑑定によるとこの犬は十二歳以上の老犬とのことから、怪我をして不自由な脚になりながらも老犬になるまで飼われていたことを意味する。「このような、損傷ある犬の骨の例は実は少なくはない。おそらく狩猟時に受けた場合が多いであろう。重い傷で動けなくなっている犬をだきかかえてつれ帰り、餌を与えて介抱する貝塚人の姿が思い浮かぶ」という金子氏の想定はほほえましい。このようにして飼われていた愛犬であったからこそ、人の墓地に埋葬されたことは十分に考えられる。

人と犬とが近い位置に埋葬されている例も各地から発見されている。愛知県吉胡遺跡や伊川津遺跡では、人の墓の近くに犬が埋葬されており、特に伊川津遺跡の場合は埋葬された人の墓の周囲を囲むかのように四頭の犬が埋葬されている。田柄貝塚でみられたように、人が埋葬される場所と同じ、あるいは近いところに犬も葬られるという事例も多いことは、やはり人と犬との深い関係を思わずにはいられない。人の墓域との遠近にかかわらず、縄文のムラの一角に穴を掘って犬を葬るということ自体、飼育された愛犬であったことを意味するのであろう。

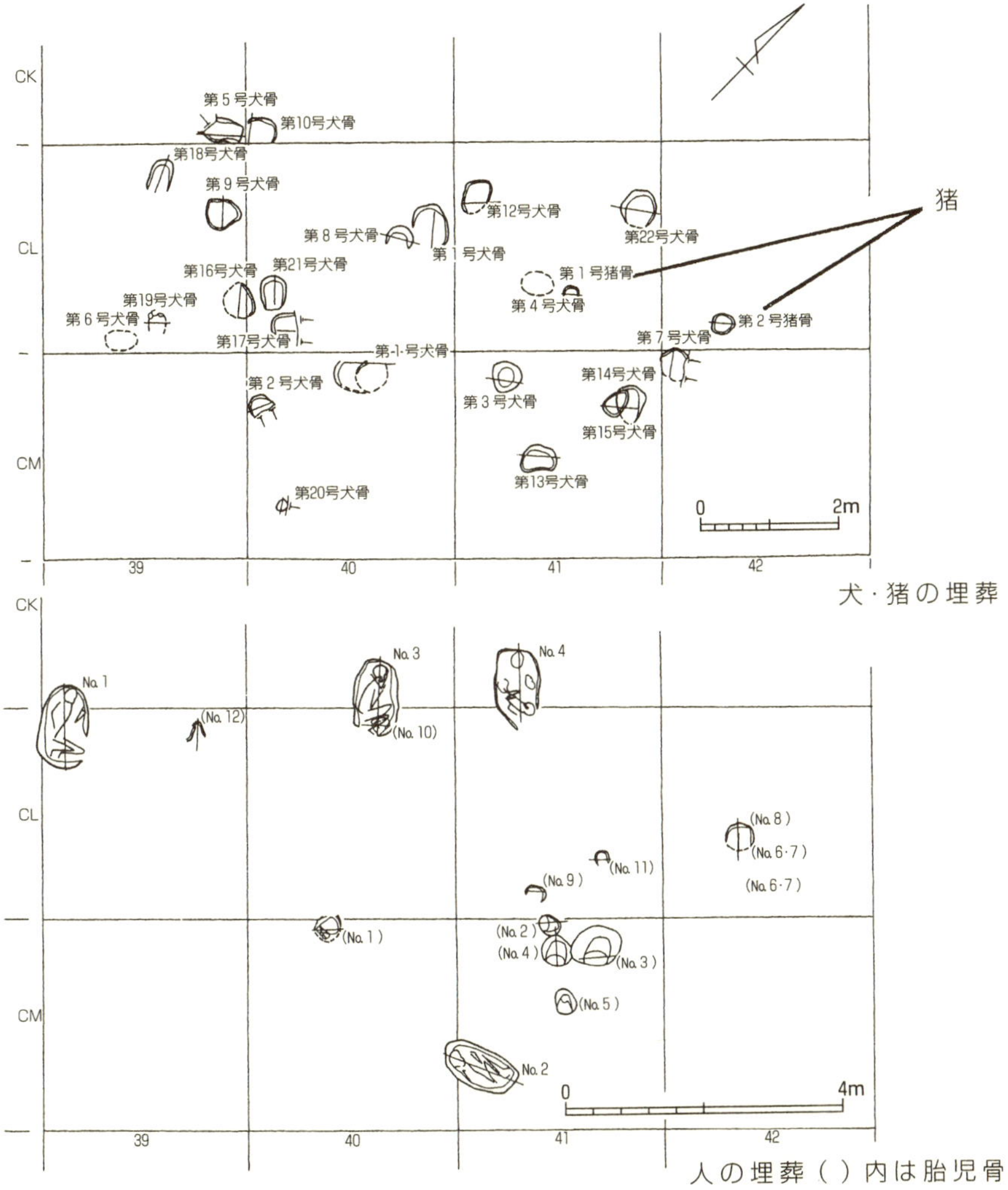

第17図　宮城県田柄貝塚の墓域（人・犬・猪）（宮城県教育委員会1986に一部加筆）

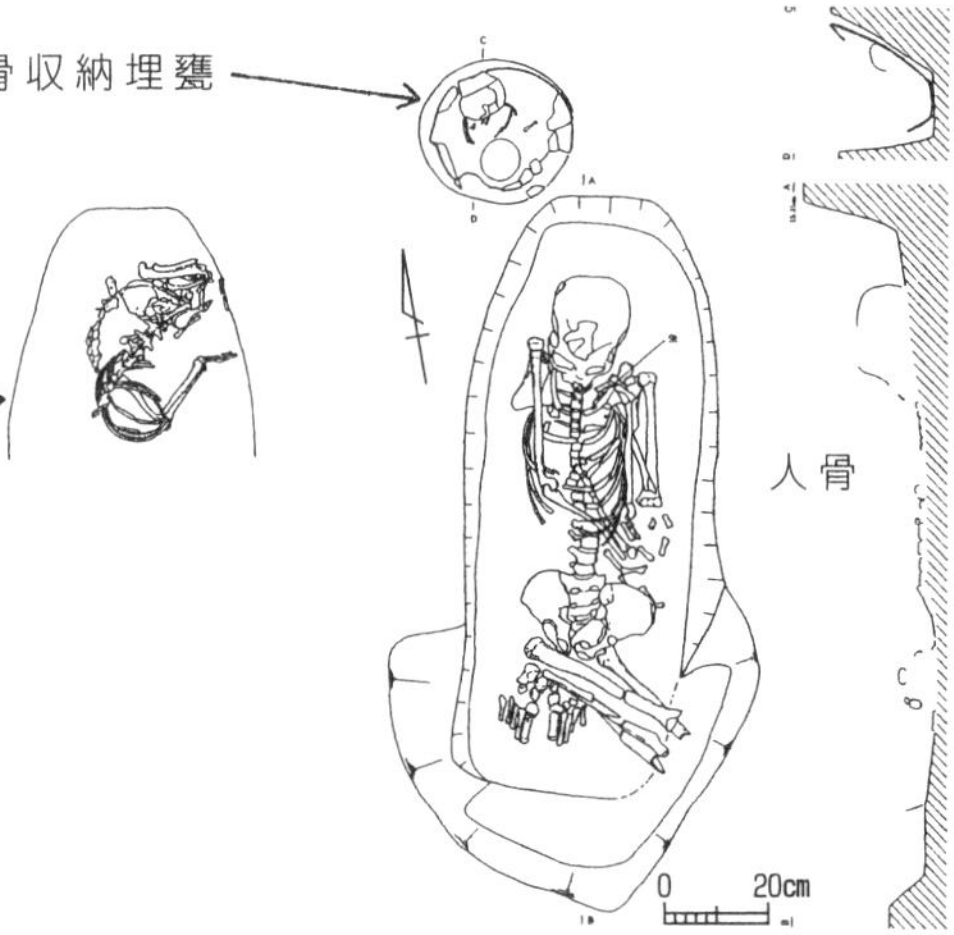

第18図　人と犬の埋葬（宮城県前浜貝塚）（宮城県文化財保護協会1979に一部加筆）

さらに、縄文人と犬との深いつながりを示す例が、宮城県前浜貝塚にある。人と一緒に埋葬された犬の例で、女性とみられる人骨に寄り添うかたちで犬の全身骨格が発見されたのである（第18図）。愛犬とともに葬られた女性。ここにはどんな意味があったのであろうか。同時に死んだ飼い主と愛犬。あるいは人の死にともなった犠牲獣など、いろいろな物語りが推測できる。特に山田康弘氏は、この十六才という若い女性の脇には十ヶ月新生児の埋葬があることから、出産時に死亡した妊産婦の埋葬と考え、その女性に犬が寄り添うという状況から、呪術的な役割を犬に求めた（山田一九九七）。また千葉県白井大宮台貝塚では、縄文中期後半期の土坑に成人男性と犬とが埋葬されていた（第20図）。これらは、深さ八十センチの穴の底に接して発見されていることから、同時に埋葬されたものと考えられている。人骨は二十才から三十才の男性と鑑定されている。犬は全身がよく残っており、身体を弓状に曲げ前足と後脚との先端が重なるような姿勢がよくとらえられている。明らかに埋葬されたものであろう。人と犬とが同時に埋葬されたというこれらの事実。両者が一緒に死んだという偶然性よりも、人の死に合わせた犬の死、つまり犠牲獣と考えるのが自然かもしれない。

縄文時代においての犬の重要性については、これまでも狩猟にかかわる点から考えられてきた。つまり猟犬としての役割である。山田康弘氏は全国的な資料を検討した結果、犬の埋葬は成人男性の墓に近い例が多くみられることから、男性の仕事である狩猟と犬との結び付きの強さを考えた。しかし、前浜遺跡のような女性との合葬や、幼児の埋葬の近くにも犬が葬られることなども加えると、犬と人との結び付きの強さには複数の理由があったことは確かであろう。

このような人と犬との関係ばかりでなく、犬が埋葬されている区域から猪幼獣の埋葬骨が発見された田柄貝塚の事例は、さらに深い問題をもたらしたことになる。猪と人のかかわりが、犬と人とのかかわりと同じ方向へと導かれるからである。田柄貝塚の二頭のウリボウについて発掘調査報告書では、猪の幼獣が一時的にしろ飼育されていた可能性を示唆するものの、「ウリンボのかわいらしさに対する人間の愛情に似た意識があったものと思われる」とした（阿部・手塚一九八六）。さきにもふれたように、ウリボウの可愛らしさや人なつっこさは並大抵ではない。しかし、犬とともに人の墓域に葬られたことは、単なる愛情以外の理由も考える必要があろう。加えて、一時的ながらも飼育の可能性という一言は大変重要である。このことについては第三章でふれるが、どのような方法にて田柄貝塚の村人がウリボウを手にいれたのかはわからないものの、埋葬するまでは養っていたはずである。食料とするためか、儀式に使うためか、その間の養育期間があったことは十分に考えられる。さらには、その死因は自然死であったのか、人為的であったのかも問題となる。やはり埋葬という事実からは、尋常ではない人とのかかわりがあったと考えたい。

猪の埋葬例はそれほど多くないが、千葉県下太田貝塚でも興味深い発掘成果が報告されている。この遺跡からは縄文中期後半と後期中頃という二つの時期の墓域から猪が発見されており、しかも犬の埋葬もみられることは先の田柄貝塚と同様である。まず中期後半の猪は四体が確認されているが、おもしろいことにその内の三体は人間の乳幼児が複数埋葬されている墓域の近くから発見されていることである。三体の猪も生後一〜二週から四〜五ヶ月という幼獣であり、同じ場所から発見された埋葬犬の年齢も五ヶ月ほどという幼犬であった。つまり人の乳幼児が埋葬された区画に接して、これもまた子供の猪および犬が埋葬されていたのである（第19図）。

この乳幼児が埋葬されて区画に接した南側には、成人の墓域があり、ここからも埋葬された猪が一体発見されてい

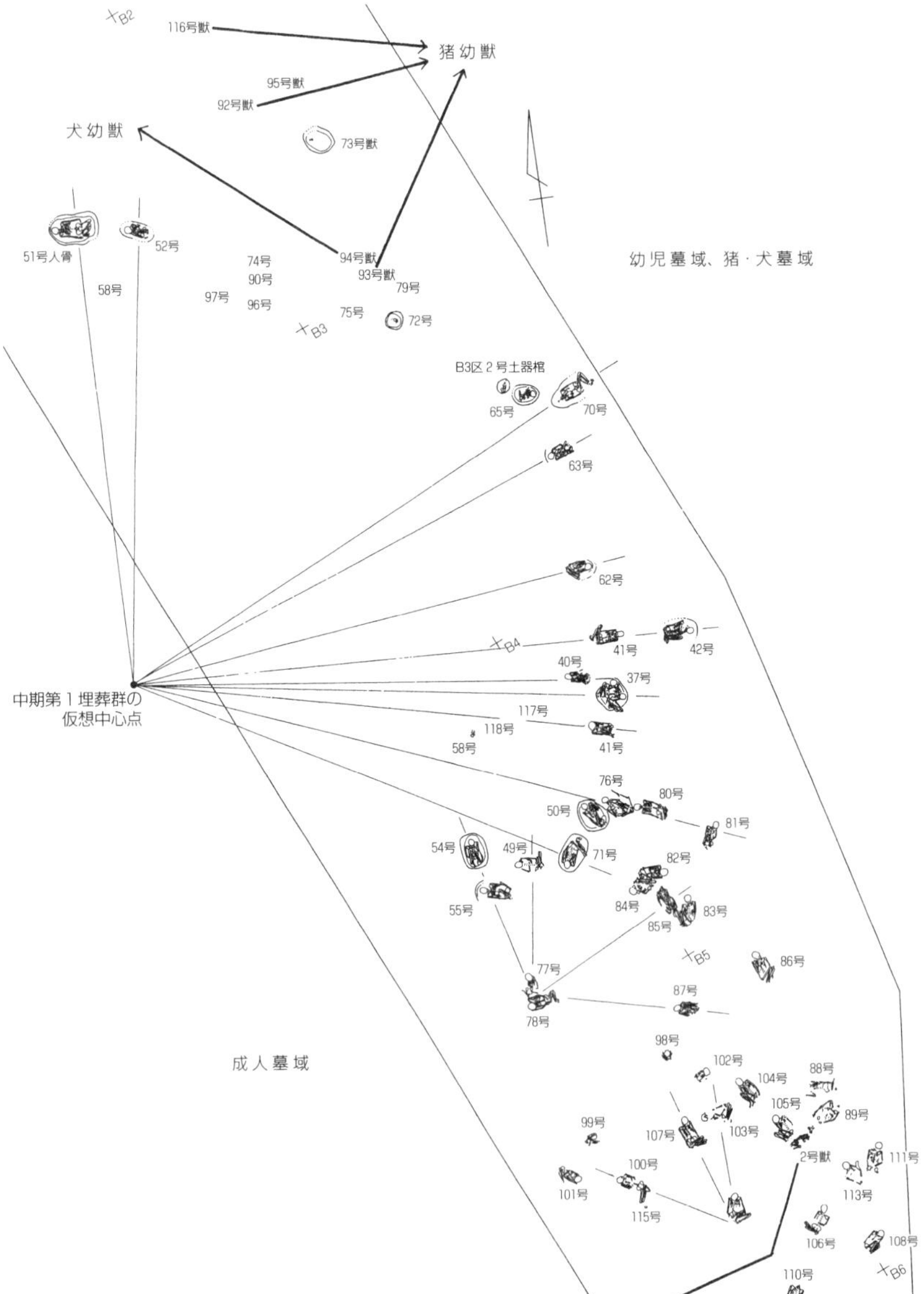

第19図　千葉県下太田貝塚中期の墓域（人骨群と猪・犬の埋葬）
(財)総南文化財センター2003に一部加筆）

る。この猪も一歳未満の若い猪と推測されている。

後期中頃の墓域でも、成人の人骨三十五体が密集するその中央に近い箇所に、猪一体がみられた。これも生後三～四ヶ月の幼獣である。

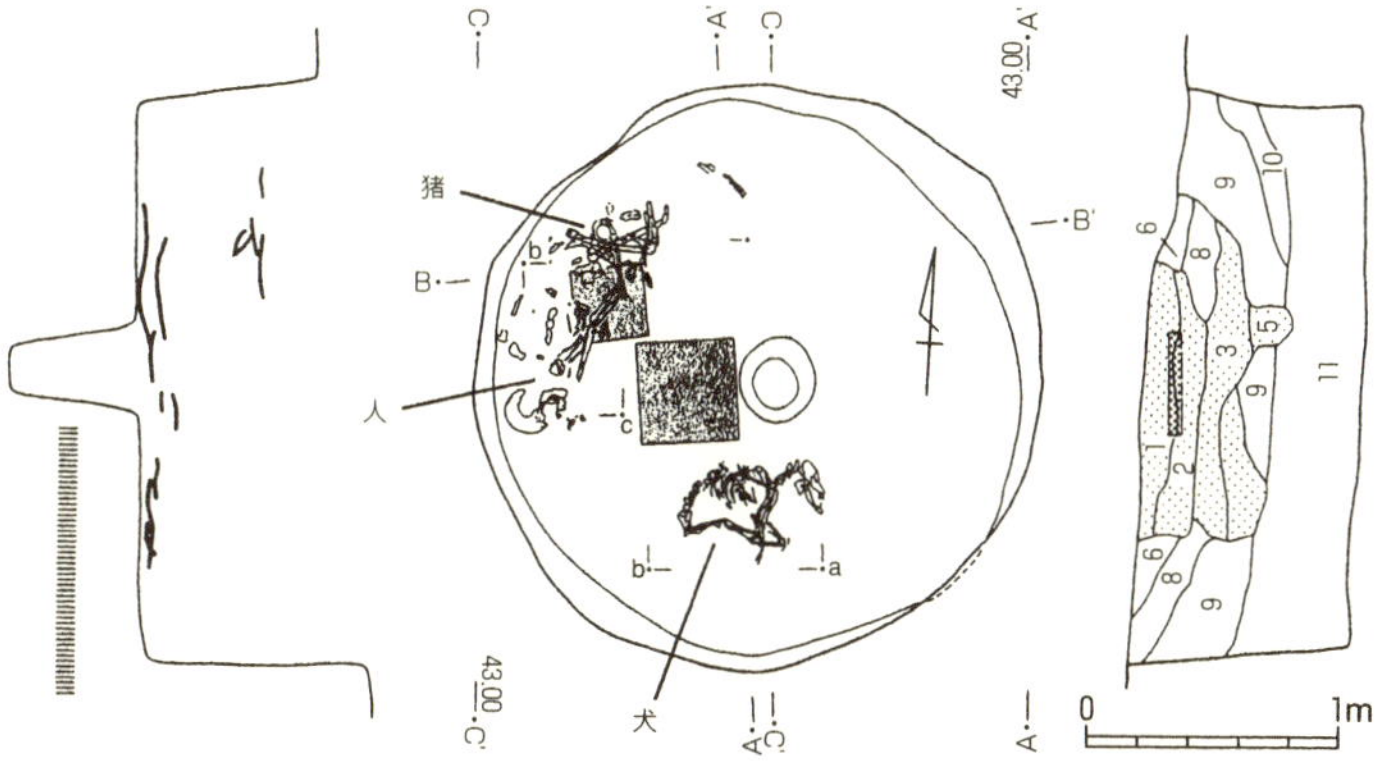

第20図　人・犬・猪の埋葬（千葉県白井大宮台貝塚）
（千葉県文化財センター1992に一部加筆）

以上のように下太田貝塚からは、中期と後期あわせて五体の埋葬された猪が確認されている。これらはいずれも子供の猪であり、一体が一歳程度の若い個体であるものの他は、ウリボウ段階の小さな猪であった。しかも中期の三体の近くには、やはりまだ幼い犬一体も埋葬されていたのである。

同じ千葉県の西広貝塚でも、埋葬されたとみられる幼い猪が一頭発見されている。貝が詰まった深さ二メートルにもなる深い穴の中からの出土である。歯の生え方からみて、出産間もない子供の猪と判断されている。縄文後期前半の時期の貝塚に覆われたこの一帯からは住居跡が発見されているが、人の埋葬された骨も十五体ほどが確認されており、一定の時期には墓域であったことがわかる。しかもこの区域内からは、田柄貝塚や下太田貝塚と同様に埋葬犬も五頭が発見されている。ここでもやはり、人と犬そして猪幼獣という埋葬がみられたのである。さらに珍しいことに、ここからはほぼ完全なタヌキの全身骨格も見つかっており、埋葬された可能性が考えられている。獣骨の分析を行なった金子浩昌氏らは、一時的に飼われていた可能性とともに、犠牲獣というとらえかたも匂わしている。

さらに注目すべき事例が、千葉県白井大宮台貝塚にある。先に紹介した成人男性と犬とが埋葬されていたという土坑のことである。人と犬とは、深さ八十センチというこの穴の底に接して発見されたのだが、この底からおよそ七十センチ上方から猪の幼獣骨が出土したのである（第20図）。人や犬の骨に比べて、猪の残りはあまり良くないが、頭蓋骨と前脚、後脚が揃っていたことから埋葬された可能性が高いものと考えられている。一つの同じ穴に人と犬、そして猪までもが埋葬されていた可能性が高まってきた。人と犬については、穴の底に横たわっていることから同時に埋葬されたことは確かであり、合葬ということが考えられる。猪については、これらより七十センチも上にあることから、人や犬と一緒に埋められたかどうかはわからない。可能性としては次の二つのケースが考えられる。

一　人と犬とを穴の底に入れ、埋め戻す途中に猪が埋葬された

二　人と犬とが埋葬され穴が埋められた後、しばらくしてからその場所に猪が埋葬された

一のケースでは、人、犬、猪が同時に埋葬されたことになる。この場合、偶然三者が死亡したというよりも、犬と猪とは人の死に伴った犠牲獣と考えた方がすなおであろう。幼い猪が殺されたということになると、その死亡時期は夏から秋ということになる。

二のケースでは、人と犬とは同時に埋葬されたものの、猪は全く関係なくなる。しかし、人と犬とが埋葬された場所に猪が埋葬されているということは各地の事例からもわかるように、人の墓域に猪も埋葬されるという共通性をみることができる。

ただ、この土坑での埋葬の仕方はさらに複雑である。というのも、穴の途中に貝の層が厚く堆積しているからである。発掘調査時の観察では、穴の底から四十センチ位の高さまでは人為的に埋め戻してあるものの、その上に堆積している貝の層は自然堆積、つまり時間をかけて埋っていったものと考えられている。すなわち、人と犬とを埋葬したあとすぐに土を埋めていったものの、それは穴の半分くらいであり、それから上は深さ四十センチ位の穴として残っていたことになる。その浅い窪みには、その後も周辺に住んでいた人達が食べた残りの貝殻を捨て続けた結果、穴が

完全に埋没し、そこに幼くして死んだ猪を埋葬したという順序になる。

さらに注意すべきこととして、この土坑内に堆積している貝層を中心に、獣の骨が多く出土しておりその中にはさらに一体分の猪幼獣骨や、打割られた猪及び鹿の成獣骨も多く出土しているとのことである。この幼獣が埋葬されたものかどうかは判断できないが、この穴が埋っていく過程にても、なにやら意味ありげな行為が行なわれていたようでもある。人と犬とを埋葬した穴。その場所に堆積している骨や貝。それらは単なる廃棄物ではなく、「物送り」というような再生を願う儀式・儀礼にかかわったものではないだろうか。

これまでみたような猪や犬の埋葬された事例からは、一体なにがわかるのだろうか。人とともに犬が埋葬されることは、犬が人にとって大切な動物であり、やはり飼われていたという証拠でもあろう。この犬とともに埋葬される猪もまた、人にとって必要な生き物であったことになる。しかもウリボウ段階を中心とした若い個体というのも重要なポイントである。もちろん人の埋葬に伴う犠牲獣という見方もできる。犬についても前浜貝塚のような人と犬との合葬例では、犠牲獣の可能性も高い。しかし下太田遺跡や田柄貝塚のような人の墓域に埋葬された例からは、なんらかの理由により死亡した犬や猪を、それぞれ丁寧に葬ったという状況も捨て切れない。特に、人の乳幼児が多く埋葬されている地区に接して、猪や犬のこれもまた若い個体が埋葬されていたということの背景には、幼い犬や猪も人の子供と同様にあつかうという、縄文人の考え方があったのではないだろうか。

下太田遺跡の獣骨を分析した西本豊広氏らは、猪が埋葬されるということを重視して、猪が家畜として飼われていた可能性を主張した。猪幼獣埋葬や飼育のことについては、後ほど考え方を整理して私見を述べることとしたい。

なお、人骨を始めとして犬や猪の埋葬例については、貝塚から発見される例が極めて多い。貝のカルシウムのおかげで、普通の遺跡では腐ってしまうような骨類が残りやすいことが、その理由である。貝塚が形成されない内陸部の遺跡では、湿地などの特別の例を除いて、骨は朽ちてしまい確認できるケースは少ない。しかしこのような内陸部のムラにても人の墓域が形成されていたことは確かであろうし、またそのような区域に犬や猪が埋葬されていた可能性

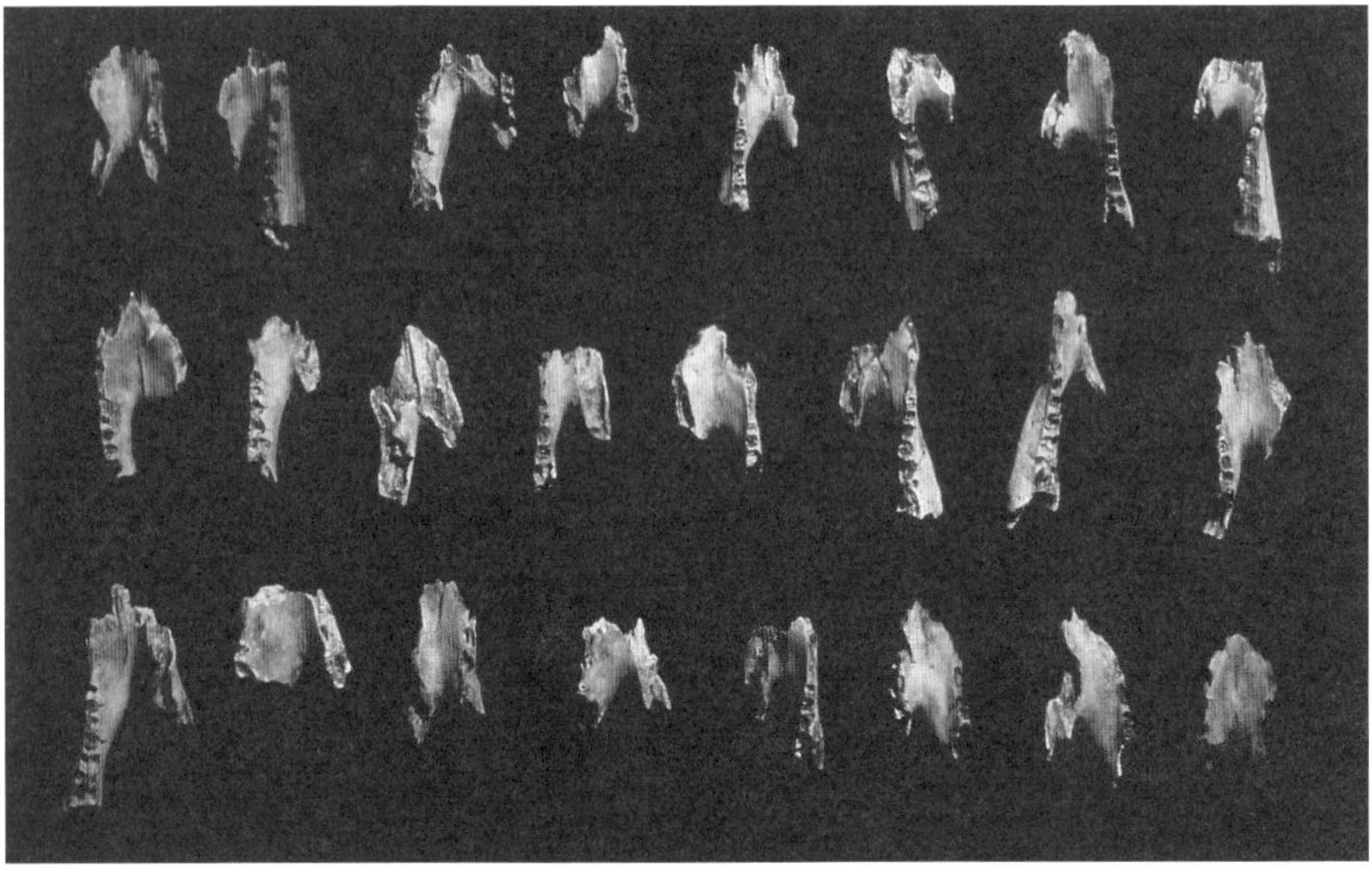

写真27　猪下顎骨（山梨県金生遺跡）（北杜市教育委員会提供）

は十分にある。

二　焼かれた猪

昭和五十五年の初秋、八ヶ岳南麓の静かな村にちょっとしたブームが巻き起こった。山梨県大泉村（現北杜市大泉町）にある金生《きんせい》遺跡の発掘が佳境に入っており、これまでみたことのないような大規模な配石遺構を含む縄文時代のムラが掘り起こされつつあったからである。ひとかかえもある石が累々と続くその中に、石棒や立石、丸石が並ぶその光景は全く異様でもあった。周囲に広がる八ヶ岳や南アルプスの連山、さらには遠くそびえる富士の秀峰にも見劣りすることもなく屹立するこの石造遺構の姿に、多くの見学者の心は惹き付けられたのであった。

金生遺跡はその後国指定史跡として整備され、現地にその姿をとどめているが、実はこの遺跡を有名にした理由は他にもいくつかある。その内の一つが、「猪」なのである。さらに言えば、「猪の焼かれた下顎骨」ということになる。

晩期の住居の脇から発見された直径一・三八メートル×一・三〇メートル、深さ六十センチほどの穴。この中からなんと百三十八個体を数える猪の下顎の骨が発見されたのである（写真27）。これらの骨類は当時早稲田大学にて教鞭をとられていた金子浩昌氏のもとに届けられ、詳細な分析作業が行なわれた。その結果、大変な事実が確認できたのである。金子氏の分析結果は次のとおりである（金子一九八九）。

・発見された骨の大部分が下顎骨で、全てが焼かれている。
・下顎骨は百三十八個体あり、そのうちの一歳未満の幼獣は百十五個体、三歳以上の成獣が二十三個体と数えられる。
・雌雄については、幼獣では雄五十四、雌六十一、成獣では雄十四、雌九を数える。
・一歳未満の幼獣の死亡推定季節は、秋。

八ヶ岳山麓という内陸部、しかも標高が七百五十メートルという高地にて普通ならば残りにくい骨がまとまって発見されたことは極めて珍しいことである。腐朽しやすい骨が残ったということ、それは焼かれていたことが大きな原因であった。焼かれた猪の骨、しかも下顎の骨だけが小さな穴から発見されたという事実。このような現象の背景には一体どのような縄文人の行動、そして考え方があったのだろうか。猪を食べるために焼き、残りを穴に捨てたというように、単純には考えられない理由がある。まず、骨が焼かれていること。それも骨の変形が認められるほどの強い火で焼かれていること。これほど骨が焼けていることからすると、食べるために焼いたとすれば当然肉は焼けてなくなってしまっていることになる。つまり、骨になった状態で焼かれたか、あるいは食べることとは違った目的で焼かれたということを意味しよう。

次に、下顎だけが発見されたということ。このことからは、下顎だけを選んで穴に納めたということになる。さらに重要なことは、一歳未満の幼獣が圧倒的に多いこと。つまり子供の猪が選ばれていることがわかる。これらの状況を考えると、そこにはなにかしら縄文人が執り行なった「祭り」の存在、すなわち「祈りの世界での出来事」があったことになるのではないか。

分析を行なった金子氏は、「動物に対する信仰と火に対する信仰とが相い合体した」祭祀が行なわれたと考えた。つまり豊猟を願う狩猟祭祀という見方である。しかもそこには一歳未満の幼い猪、特に生後七～八ヶ月の幼獣が秋に殺され祭りに使われたことになる。猪の出産期は四月から五月であることから、生後七、八ヶ月というと十一月から十二月頃に当たっている。丹羽百合子氏も、秋から冬にかけて行なわれた狩猟儀礼と考えている（丹羽一九八三）。下顎の骨から一歳未満でも特に生後七～八ヶ月の幼獣と考える根拠は、歯の生え方にある。金子氏の説明では、乳歯は生え揃ってはいるものの、三本ある永久歯のうちの真ん中の第二臼歯が完全に生えてはおらず、まだ下顎の亀裂の中に収まっている段階の年齢ということから判断できるとのことである。つまり永久歯の生え具合により年齢が推定できるのである。ちなみに、最も奥にある第三臼歯が完全に生えるのは三歳以上であり、金生遺跡からはこの段階の成獣も出土している。

さて、猪幼獣が死んだ秋から冬にかけてという季節、その時期にはさまざまな祭りが行なわれる。現在では村の鎮守様にささげる収穫祭や、山の神様に祈る狩猟開始の祭りなどが執り行なわれている。縄文人が行なった秋の祭り、それはどのような意味合いの祭りであったのだろうか。金生遺跡の猪骨は火を受けたものであった。動物の骨が焼かれるといった意味は何なのであろうか。火を用いた縄文の祭、その考察はしばらく置くとして、まず縄文の遺跡から発見される焼けた動物の骨の例を追ってみよう。

火を受けた動物の骨が遺跡から出土する例は、全国的には少なくない。ただし焼けた骨とはいっても、金生遺跡のようなまとまった大きい骨ではなく、細かく砕かれた細片の場合が多い。動物の種類も猪と鹿が中心となるものの、中には熊や鳥類が含まれるケースもある。

最も多くみられるのは、遺跡全体から小さな破片が出土する例である。

特に縄文後期から晩期の遺跡の発掘ではよく確認できる。住居跡などを覆う黒土に混じって、白い小さな骨片がたくさん散らばっているというケースであり、おそらく当時の地表面や土器捨場のようなところに集中してあったものであろう。焼かれた骨が細かく砕かれ、そしてムラ全体に撒かれたものと、私は考えている。その意味は後からふれることにするが、その他にも住居内に埋っている土や配石遺構という石で築かれた遺構の間からもこのような骨が出土する例も多い。住居内にたまっている土から発見される骨片は、ムラ全体にばらまかれたものが、住居の埋没にともなって流れ込んだものとみられるが、住居内で骨が焼かれたことを示す例もある。長野県百駄刈《ひゃくだんがり》遺跡では住居の炉の中から焼けた獣の骨が出土し、山梨県中谷遺跡でも鹿の角が炉とみられる焼土中から発見されている。また東京都なすな原遺跡でも、101号配石と名付けられた遺構の炉の中から猪と鹿の骨片が出土している。この遺構は環礫方形配石遺構と呼ばれる住居の一種で、むずかしい名前だが、たくさんの小さな石が壁際に沿って並べられていることから付けられたもので、祭りを行なった施設という見方もなされている。この建物の炉の中から骨が出土していることから、この場所にて骨が焼かれたことが理解できる。さらにこの遺構では、周囲を取り巻く小さな石の付近からも鹿の焼けた脊椎骨が並んで発見されていることから、祈りにかかわった目的があったものと考えられている。このような住居や祭祀的な建物内から焼けた獣の骨が発見される例は、全国的にも少なくはない。

このなすな原遺跡の後期や晩期の住居からは、焼けた骨が出土する例が十軒ほどある。このうち、鹿の肩甲骨を含む多量の焼けた骨が出土した134号住居については、別の意味が考えられている。それはこの住居自体が火災を受けていたからであり、金子浩昌氏はこの場所にて骨が焼かれた可能性を考えている（金子一九八四）。それは、焼けた住居内には焼土の塊が多く、その部分に骨も集中していたからである。つまり廃絶された住居内にて、動物の骨が焼かれたというのである。この場合、何らかの理由にて住居が廃絶され同時に火が付けられたその時に、動物の骨も焼かれたのか、あるいは人が住まなくなった住居という空間が、骨を焼く場所として使われたのかは定かでない。

群馬県千網谷戸遺跡の星野家宅地内1号という晩期の住居からも、大量の焼けた骨が出土している。この住居は重なり合った二軒の住居であるが、特に下層にある住居は火災を受けており骨の出土も多い。熊、猿、雉などを含む鹿と猪を主体とした細かい焼骨が住居の壁際に集中している。この骨を分析した宮崎重雄氏は、地表面に散在していた骨が住居の火災により焼かれ、そして住居廃絶後に雨水により住居内に流れ込んだものと推測した（宮崎一九八〇）。骨が熱を受けた程度は極めて激しく、宮崎氏は「おおかたの獣骨類は、ヒビ割れして長径数㎝の細片となり、金属音がするまで熱を受けていた。著しく歪んでいる骨片も多い」と観察している。さらに、一緒に出土した土器の表面の再発泡や黒曜石の表面が熱変質していることも含めて、このように高温になった理由を「炎上中に猛烈な突風に煽られ、フイゴのような状況でも生まれたのではないだろうか。いずれにしても、火力を増強する何らかの要因が働かなければ、このような現象は起こり得なかったはずである」と結んでいる。このことは焼獣骨のことを考える上でも大変参考になる。私は、地表に散乱していた骨がたまたま火災により熱を受けたのではなく、縄文人がある目的を持って骨を焼いたものと考えている。その焼き方は、宮崎氏が観察したように「火力を増強する」方法を取り込んで、ヒビ割れし金属音がするほど焼くことが求められていたのではないだろうか。千網谷戸遺跡の住居の火災が偶然ではないとしたら、なすな原遺跡134号住居にて金子浩昌氏が考えたような骨を焼く場所であった可能性もある。あるいは、別の場所にて焼かれそして砕かれた焼骨が、廃棄された火災住居の窪みに撒かれたことも考えられる。どちらにしても猪や鹿が、変形するほどの強い火でわざわざ焼かれなければならない理由があったのであろう。

焼かれて細かくされムラの中に撒かれる骨以外にも、実は別の場所に納められる焼骨の事例もいくつか知られている。晩期後半の長野県樋口五反田遺跡では、石棺のように細長く石で囲まれた中から、焼けた鹿角が発見されている。このような石棺状の配石遺構は人の埋葬に用いられるのが普通であることから、鹿角は副葬品であった可能性がある。しかし人の骨は出土していないことから、獣の骨を納める施設であったのかもしれない。一方、土器の中に焼けた獣骨が納められていた福島県道平遺跡のような例もある。ここでは四十個余の土器が立てられた状態で埋設されており、このうちの十二個の中と七個の周囲から焼けた獣骨が発見されている。獣骨は猪の肩甲骨や下顎骨、鹿の中手骨などである。つまりここでの土器は骨を納める容器であり、それを土中に埋設したことになる。発掘調査を行なった大竹憲治氏はこのような土器を「獣骨蔵土器」と呼び、動物祭祀にかかわる施設とした（大竹一九八三）。

他にも、配石遺構という石で囲んだり積みあげたりする遺構から、焼けた骨が発見される例もある。長野県井刈遺跡では直径一メートルほどの石組遺構内から獣骨が出土し、長野県離山遺跡の配石遺構下には、骨を焼いたとみられる焼土や、焼けた骨が埋っていた土坑がいくつか発見されている。

土坑とは、地面に掘られた穴のことであり、先にふれた金生遺跡の猪の下顎骨も、土坑からの出土である。岩手県八天遺跡では土坑中から一点ながら猪の下顎骨が出土しているが、この場合は焼けた人骨も出土している。人も獣も骨を焼くといった行為が行なわれていたのである。特に縄文中期以降には、そのような事例が増加してくる。中期の例では、配石遺構から焼けた獣や人の骨が発見された長野県幅田遺跡がよく知られている。晩期の新潟県寺地遺跡からは炉のような円形に囲まれた配石の中から大量の焼けた人骨が発見されている。また、金生遺跡でも石棺のような石で囲まれた遺構内から、やはり破片ではあるが人骨が発見されている。縄文時代、人の火葬は一般的ではない。でも一部にはこのような事例もみられることから、なんらかの条件によっては、火葬がなされたとみられる。猪や鹿の骨を焼くことの目的が、このような人の火葬と全く同じであったとは思われないが、「火にかける」といった点では共通する考え方があったのではないか。

火で焼かれるということ、そこにはどんな意味があったのであろうか。

祭祀遺跡や配石遺構に詳しい大場磐雄博士は、かつて長野県井刈遺跡の発掘調査報告書の中で、「献供された動物類を聖火にかけた後、個々の祭壇内に埋供した」と考えた（大場一九六三）。つまり神霊にささげた犠牲獣を聖なる火で浄めたというのである。火による浄化、すなわち焼くことによって「きよめられる」ということの意味は大変重要である。

縄文人が火に対する信仰を持っていたことは確かであろう。深鉢形土器は、火にかけることによって食べ物を生みだす道具であり、その土器に豊穣を願う物語りが描かれたことは、前の章でふれたところでもある。まさに火は「食べ物を生み出す」豊穣の根源であった。また、藤森栄一氏が「神の火を灯す聖なる道具」と呼んだ釣手土器。そこで焚かれる火は祈りにつながっている。さらに、祭祀に用いられた石棒や石剣という道具がある。特に後期から晩期の石棒・石剣には、細かく砕かれそして火を受けた例も多い。まさに焼かれ、集落内に撒かれる獣骨と同じである。火災住居についても「きよめ」につながる可能性がある。もちろん偶然の失火もあったであろうが、死者が出るなど忌み嫌うような事態が生じた時、意図的に火をかけられた住居もあったのではないか。なすな原遺跡134号住居のような焼土内に獣骨の多く残る例、千網谷戸遺跡の強烈な熱で焼かれた住居など、火を受けなければならない理由の住居もあったはずである。

大場博士が主張した「聖なる火」。それはけがれをはらい、新しい命を育み、やがては豊穣をもたらすものであった。遺跡全体から出土する細かく焼けた獣骨、それについても、「火によってきよめられる祈り」を経たものと考えられないであろうか。

食料としても大切であった猪や鹿の食用に用いたあとの骨、さらには骨角器などの道具に利用された以外の部分、本来ならばそれらは残滓（残りかす）として廃棄されることになる。そのような骨が焼かれそして一部が埋納され、一部は集落内に撒かれたのではないか。アイヌの人達は、人々の生活に役立った食べ物や道具を神の国に送り返し、再び人間の世界に戻ってくることを願う、「物送り」という美しい思想を持っている。この物送りと共通した祈りがあったものと考えたい。

それは、食べ物をもたらしてくれたその動物に対しての感謝を込めた鎮魂と再生の祭。食料を始めとして人々に有益を与えてくれたその残りの骨、それらに対して祈りをこめながら火によって新たなる命を吹き込み、そして細かく砕き最後は土に帰す。身体の部分ごとに壊されそして埋められることにより再生する豊穣の女神である土偶と同じように、砕かれて撒き散らされた骨の細片は、再び有益な猪や鹿となって蘇ってくる、そんな思想が息づいていたのではないか。

金生遺跡の土坑から出土した、百十五個体にも及ぶ猪幼獣の下顎の骨。強い火を受けたこれらの骨も、このような祈りを経たものかもしれない。しかし、これについてはさらに大きな問題を含んでいる。

先の井刈遺跡報告書にある大場博士のもう一つの推測、「犠牲に供した動物」にかかわる問題である。犠牲獣とは生贄《いけにえ》にも通ずる。ある目的のために動物をお供えし、お祈りの儀式を行なったということである。その目的はさまざまであろうが、鹿の血を田に撒くことにより稲の生育を促進するという「播磨国風土記」の記事や、雨乞いの儀式に馬を殺して祈るなどの例が思い浮かぶ。一つには、動物を神様にささげることにより、お願いを聞き届けてもらうという儀式にもかかわってくる。井刈遺跡の石組遺構に納られた焼獣骨の祭祀について、大場博士は「狩漁猟の豊富を祈ったもの」と考えた。豊漁・豊猟を目的とした犠牲獣ということになる。

百十五個体という金生遺跡発見の猪幼獣下顎骨も、このような犠牲獣という考え方でとらえてよいのであろうか。とすれば、何を祈って幼い猪を捧げたのであろうか。焼かれた下顎骨とは、あくまでも全身の一部であり、問題は猪の幼獣そのものがどのように扱われたのか、といった点にある。しかも幼獣ということから、縄文時代における猪飼育の問題にまで発展してしまう。これら犠牲獣と飼育については、次の項以降に少しずつ順を追ってふれていくことにしよう。

三　埋納された猪

千葉県市川市には姥山貝塚や堀之内貝塚など、日本を代表する大きな貝塚が形成されている。この市川市には、他にも大小の貝塚がたくさん発見されており、その一つに向台貝塚という南北約百メートル、東西約七十メートルの中規模の馬蹄形貝塚がある。馬蹄形貝塚というのは、縄文人が利用した貝の殻が廃棄され堆積している範囲を上空からみたとき、馬のひづめすなわち馬蹄の形に広がっている貝塚のことである。この貝殻の範囲がドーナツ状に堆積しているると、環状貝塚ということになる。この貝が散らばっているその下には、当時の人達が住んだ住居跡や墓などが埋っていることが多い。向台貝塚の発掘調査によっても、たくさんの住居跡が見つかっており、縄文時代中期後半の集落であることがわかっている。ところでこの貝塚からは大変注目すべき発見があった。それは首のない猪の幼獣が埋められていたからである。猪は二体あり、第17号小竪穴という遺構の底からの発見である。小竪穴というのは小さい竪穴、つまり土坑のことであり、地表からほられた穴を意味する。この第17号小竪穴は直径六十～八十センチ、深さ五十～六十センチほどの穴であるが、普通の土坑とちがって底の径の方が口の径よりもいくぶん大きいという特徴を持つ。つまり断面の形が袋状、極端にいうとフラスコ状をなすものである。私は、このような形態の土坑を貯蔵穴と考えている。貯蔵穴とはいっても使われなくなった時には、人を埋葬したり、道具としての土器のかけらや食べたあとの貝殻などを捨てる場所として使われる場合も多い。この第17号小竪穴の中にも、キサゴを主体にハマグリやアサリなどの貝殻がほぼ穴いっぱい詰まっていたという。この貝層を取り去った一番下から二体の猪、それも首のない遺体が横たわって発見されたのである。しかもこの猪は二体とも幼獣であった。つまり、頭部が切り離されたのち、身体だけが土坑の中に納められた、あるいは埋葬されたということになる。金生遺跡での、下顎の骨ばかりが土坑の中に納められていたという事例を参考にすると、切り離された頭部はさらに祭に用いられたことになり、残された身体が別個に埋葬されたことになる。

首のない猪の遺体は、加曽利貝塚にもみられる。加曽利貝塚とは、千葉市にある大変有名な貝塚で、環状と馬蹄形という二つの貝塚がドッキングした南北四百メートル、東西二百メートルにも広がる我が国最大規模の巨大貝塚である。遺跡のほんの一部しか発掘されていないが、厚く堆積した貝層の中から、猪のまとまった個体としてはこれまでに四体ほどが確認されている。発掘調査報告書によると、特にこのうちの第Ⅱ住居址群22グリッドから出土した個体は上下の顎の骨を欠くとされている。つまり首のない個体ということになる。一括した個体として確認できた四体はいずれも幼獣であり、特にCトレンチ6グリッド出土の猪は、幼体あるいは新生児とのことである。しかもその中には首なし遺体も含まれているのである。

先にもふれたように、田柄貝塚や下太田貝塚では猪幼獣の完全な形での埋葬骨が発見されているが、向台貝塚や加曽利貝塚からは首のない幼獣骨も埋められていたのである。猪の幼い個体、そして頭が切り離された個体、このような意味ありげな状況からは、やはり幼猪を用いたなにかしらの儀式が推測でき、祈りの世界へと導かれていく。その年に生まれた猪、その若い個体を犠牲として捧げるような儀式が執り行なわれていたのであろうか。

一方、貝塚からは猪の下顎や頭部が意図的に埋設あるいは配置されたような状況で発見される事例もある。これには幼獣に限らず成獣も含まれている。特に宮城県西の浜貝塚の例は注意を引く。報告書によると南北一メートル、東西二メートルの範囲にて、猪下顎骨二十五個体分が「合葬された様に配列」された状態で発見されている（宮城県教育委員会一九六八）。これらは成獣の下顎骨らしく、いくつかの群でまとまっているようにもみえる。切り離され、儀式を終えた頭部の、しかも下顎だけがこの場所に置かれたのである。あるいは下顎のみ集めること自体になんらかの祭りがあったのかもしれない。他にも下顎骨が二個、東を向いて並べられていたという茨城県小山台貝塚や、平らな石の下に下顎骨が置かれていたという福島県山口貝塚の例もある。岩手県宮野貝塚では、猪ばかりでなく鹿の頭骸骨や下顎も含め集中して並べられていた。鹿の頭蓋では角が付いたままのものがあり、猪では幼獣や若獣それに成獣が含まれているようである。福島県大畑貝塚からは約二十平方メートルの範囲内にクジラの骨、巨大なアワビ七十二個、人骨などとともに大型猪の頭骨や下顎の骨が整然と配置された状況で確認されており、豊漁豊猟を祈願した遺構と考えられている。

なお、最近話題となった船橋市取掛西貝塚の猪出土の状況は大変興味深い。住居跡のくぼみに猪頭蓋骨十二個や鹿頭部二個体などが集中していたとのことであるが、特に中央部では猪頭蓋骨四個が意図的に並べられたような状況であったという。猪には幼獣、若獣、成獣がみられ、骨には焼けているものもあり、これらを総合的に判断して西本豊弘氏は何らかの動物儀礼が行なわれたと考えている（西本二〇〇九）。この例は今から八千年も前の縄文早期前半の猪であって、すでにこのような古い段階で猪の頭部を用いた祭祀が行なわれていたことになり、大変重要である。

また、特に興味が引かれるものに、人の埋葬区域から犬や猪幼獣などが発見された事例として先に紹介した千葉県西広貝塚がある。この埋葬区域の下層にはいくつかの住居跡が埋没していたが、このうちの57号住居という縄文後期前葉の大型住居内から発見された猪の頭骸骨がある。これはほぼ完全な雄猪の頭蓋骨であった。二つの牙を残したまま、正位置の状態で住居中央に近い場所に、奥壁を向くかのように置かれていたのである。猪の牙は装飾品や骨角器の材料として利用価値が高いものであるが、ここでは上顎からはずされることなくそのままの状態で残されたことに、なにかしら特別な願いが込められたようにも思える。しかもこの住居からは、アワビ類の破片とか赤い色で塗られたビがたくさん出土した例もあり、アワビには祈りにかかわる役割があったのかもしれない。このように西広貝塚57号ハマグリやオオノガイなどの二枚貝も出土している。先に紹介した福島県大畑遺跡のように猪の頭とともに大型アワ住居では、なにかしら特別の祭祀が行なわれたと考えられるが、さらに見過ごすことができない理由に、埋葬された人骨類のことがある。さきにもふれたようにこの住居からは、改葬された成人骨と乳児が納められた土器が発見されているからである。改装とは一旦埋められた遺体が骨になった段階で掘り起こされ、再び埋葬されることであり、人骨は井桁状に四角く積まれていたという特殊なものであった。また乳児が納められていた土器の中には、タカラガイが一個入っていた。この貝は南方産の貝であり、後の時代では貨幣としての役割も担うという大変貴重な貝である。このような貝が副葬された埋葬が、この場に設けられていたのである。もちろん住居に人が住まなくなった段階にて、これらの人の埋葬が行なわれたのであるが、猪の頭蓋骨も住居床に溜まった貝層の直上から出土したもので、住居に人が住んでいた時に、猪が置かれたものではない。住居廃絶後にこの場所にてなにかしらの祭祀が行なわれたのであろう。しかもこの場所は、改葬された人骨やタカラガイが副葬された乳児埋葬がみられる、意味ありげなゾーンであったことになる。牙の残る猪の頭蓋骨も、やはり祈りの世界に通ずるのではないか。そこに埋設された猪そのものに対する鎮魂の意味もあろうが、牙のついた成獣の頭蓋骨、それは雄猪が持つ強烈な力の象徴でもある。その力に依存する祈りが、そこで行なわれたということもありえよう。強い生命力への願望、あるいは他をよせつけない力、害をなすものを追い払う辟邪への期待なども考えられる。

これは後期初め頃の例であるが、西広貝塚と同じ千葉県市原市にある草刈貝塚からは中期前半の事例も知られている。これも住居とみられる遺構の中央付近から猪の頭蓋骨が発見されたものである。やはり廃棄された住居の跡に置かれたもので、三十センチの大きさということからこれも成獣の頭蓋骨であろう。

以上のように、首のない猪幼獣が埋められていた例や、成獣の下顎や頭蓋骨などが特定の場所から発見される例が、各地にみられることがわかった。これらはやはり普通の状態ではなく、なにか特別な行為の結果であると考えるのが当然であろう。首のない猪幼獣。これは首が切られた後の遺体であり、頭部は別に用いられたことを意味する。山梨県金生遺跡では幼い猪の下顎だけが百十五個体も発見されているが、これらは切り離された頭部の一部でもある。やはり、猪幼獣の頭部は何かに使われているのである。それは単に食べるための行為ではなく、頭部を捧げるあるいは敬うといった祈りにかかわる祭祀につながったものと考えたい。その祈りの内容とはいったい何であったのだろうか。

四　猪に込められた祈りと願い

漆黒の闇の中、ちらちらと燃えるかがり火。そのゆらめく炎の先にほんのりと浮かびあがる猪の首。一つ、二つ、三つ、……七つ。なんと胴体から切断された七頭もの首が、炎の明かりの中にて天を見上げている。神前に供えられた猪。その前にて夜を徹し、演じられる神楽の数々。ここは神々の集う日向の国。

宮崎県西都市銀鏡《しろみ》の里を訪れたのは、二〇〇一年十二月のことであった。須藤功氏の著書『山の標的』に感動し、ぜひこの地を尋ねたかった。猪を捧げる祭りがいまなお、行なわれていることを知ったからである。

祭りが行なわれる直前に捕獲された猪。その首が神前に奉納されるというのである。まさに縄文の遺跡から発見される猪の頭蓋骨、その意味を考える手だてとなりはしないか、そんな期待に胸膨らませ甲斐の地から日向に旅立った

写真28　銀鏡神楽オニエの猪

のである。

幼い猪の埋葬に始まり、首のない骨格、焼かれた下顎骨、そして特定の場所に置かれた成獣の頭蓋骨など、前の項ではこのような発掘事例をみてきた。縄文のムラにて執り行なわれた、猪にかかわる不思議なふるまい。そんな情景を想像するのに十分なデータがそろってきた。ここでは、それらの意味を考えてみることとしたいが、本題に入る前にちょっと寄り道をし、現在も行なわれている猪の祭りを訪ねてみよう。

銀鏡地区は、西都市の中心街からバスで一時間半ほどのところ。銀鏡川に沿った山間の村である。ここには国の重要無形民俗文化財に指定されている銀鏡神楽《しろみかぐら》が伝えられている。銀鏡神社にて発行されている「銀鏡神楽式三十三番解説」によると、神社の創建は長享三年（一四八九）であり、毎年旧暦十一月十二日から十六日まで大祭が行なわれることとなっていたが現在は新暦十二月十二日から十六日までと設定されている。神楽はこの大祭の前夜祭として十四日から十五日の朝まで夜を徹して舞われるもので、三十三番から構成されている。この神楽の開催にあたっては、祭りの直前に獲れた猪の頭部が奉納されることになっている。納められた猪の頭は「オニエ」と呼ばれ、銀鏡神楽には不可欠なものとして祭壇の棚に並べられる。オニエとは「贄《にえ》」、すなわち神にささげる供物のことになる。

私が訪れた時には七頭が供えられていた（写真28）。猪はそれぞれ鼻先を天に向け置かれているが、胴体から切り離された角度の違いによりあるものは高く屹立し、あるものはゆるい角度で立ちあがっている。真っ暗な空を背景に、電燈の明かりを顔面にうける猪の姿はなにか荘厳でもある。燃える薪の灯りだけであった明治以前は、さらにすさまじく厳かな形相の中での祭りであったことだろう。猪を奉納することについては「秋の大祭に山の幸を頂いたお礼として、猪頭をお供えした」と銀鏡神社狩法神事解説書に説明されている。さらに興味深いのはこの神楽を構成する次第のうちの三十二番「ししとぎり」である。「ししとぎり」とは『銀鏡神楽式三十三番解説』では、「猪の通った足あとをたずねる意」としている。一般にはけものの足跡からその種類や大きさ、所在などを見極めることが「とぎり」とされることから、ここでは猪の狩りにかかわる見定めということになる。この「とぎり」という狩猟にかかわる行為が、神楽の構成要素となっていることは重要である。神楽の「ししとぎり」は、男女二人の神による猪のとぎりからはじまって、最後には弓矢で仕留め、そして帰途につく様子をユーモラスに演じたもので、やはり狩りにかかわる祭祀の様相が色濃くあらわれている。

さらに翌日の朝、神社の下を流れる銀鏡川の上流にて行なわれる「ししば祭り」という意味ありげな祈りが加わるが、これもまた一連の狩猟祭祀とみることができる。これは奉納された猪の頭一個を、河原にある大石の前にて奉る行事である。薪に火をつけ、木の又を利用して作ったハナカギという棒に猪の頭をぶらさげ、オタギと呼ばれる木組みの上に置きながら、猪の毛を焼いていく（写真29）。毛が焼け、皮膚が黒くなってきたところで、祭員の一人が左耳を切り取り七片に切ったものを竹串にさし、大石の前に供える。そこで神官が祝詞を奏上し、この一年間に獲った鳥獣の霊を祀り、そして送ることになる。その後、見学者も含めて猪の肉と焼酎がふるまわれ、数日来の祭りにかかわる談が盛りあがる。

これら一連の猪にかかわる祭りは、山の幸へのお礼と獣の霊に対する供養ということになるが、狩猟についてはの銀鏡神社発行の二種類の解説書で次のようにふれられている。「焼畑農耕時代、猪害から作物を守るための大事な狩猟であり、同時にそれは山里に住む人々の健康保持に必要な蛋白質補給のための必須的労働でもあった」と。神楽の奉納は「五穀豊穣」「子孫繁栄」を願うものであり、基本的には農耕社会での祭りである。これに対して「ししとぎり」や「ししば祭り」は本来狩猟儀礼にかかわるものと思われ、山村での焼畑という農耕文化にかかわって合体したものが、現在銀鏡神楽として残されたとも考えられる。

狩猟儀礼に詳しい千葉徳爾氏は、狩猟集団組織の共同儀礼に関して「その地域社会の多くが農耕をも兼ねたり、あるいは時代の進展が狩りよりも農作物に重きをおくようになって、しだいに狩猟儀礼よりも農耕儀礼を主とするように変遷してゆく」（千葉一九七五）と考えている。狩猟儀礼に後から農耕儀礼が加わって発達してきたと考えることもできるが、今なお、農耕社会における狩猟儀礼の存在がこの銀鏡神楽に留められていることは、大変意味深いことと思われる。この狩猟儀礼とは、豊猟への感謝と鎮魂をこめるとともに、新たなる狩りの開始を祈る祭りなのである。そのためにも猪の頭はどうしても必要であった。この成獣猪の頭部は、本来は供えものではなく、頭部そのものがまつられる主役であったとも思われる。

なお、最後にオニエの猪の処遇についてふれておく。神楽式三十一番が終了したのち、翌日のししば祭りに用いられる一頭を除き、オニエはすべて解体される。その順序は、火で毛を焼く→頭骨から肉のついた皮を剥がす→肉は皮とともに刻まれ、一部は神前に供えられ一部はシシズーシ（シシ肉の雑炊）として参加者にふるまわれる。私が訪ねた際に、この解体作業には三人の猟師さんがあたっていた。毛を焼かれたあと、水できれいに洗われた猪は実に手際よく仕上げられていく。ナイフでまず顎に切れ目を入れ、そこから頬の片方に刃を差し込み頭の方に剥きとっていく。次いでもう片方の頬に刃を入れ同じように剥ぎとり、下顎から頭まで剥いでしまうと今度は口先の方に剥いていき最後は鼻を切り落とす。頭部全体が一枚のつながった皮という感じで、解体されていく。あとには肉と皮を剥がされた

写真29　焼かれる猪（ししば祭り）

頭骨が、血と脂肪とで赤くそして白く不気味に色付いたまま積み重ねられていく。この間およそ一時間、いろいろと話を伺いながらみさせてもらったがその中でも次の会話が気になった。

・「頭骨はどうするのですか?」「鉈で砕いて、煮て食べる」
・「残った骨は?」「龍房山の山麓に埋める。明日かその次か、どこに埋めるかは当番が決める」
・「なぜ埋めるのですか」「山に帰す」

龍房山というのは銀鏡神社がある裏手の深い山。この一帯は照葉樹林の山でその年はカシの実がよく実ったそうだ。その山に、祭りで用いた猪の頭骨の一部を埋めるという。それは山に帰すことになるというのである。これは大変重要なことではなかろうか。山から授かった豊穣、その貴重な命を再び山にもどす。感謝の気持ちを込めて魂を送る、山人の奥ゆかしい心。なにかしらアイヌの人達が行なう熊祭りにも似た物送りの思想。生き物を糧とする人々に相い通ずる心意気、それは地域や歴史を越えても息づいているようだ。

さまざまな文化や時代性が複雑にからみあう民俗事

例から、縄文の祭りを引き出していくことは難しく危険なことでもあるが、その検討もまた必要である。特に動物にかかわる祭祀についてはやはり民俗事例からの追及も役立つものと思われる。前項でみた縄文時代のさまざまな埋納などの事例。それらの背景を考える上で銀鏡神楽は何を教えてくれるのであろうか。動物への感謝、鎮魂、そして送り。この辺りをヒントにしながら、考えてみることにしよう。なおもうひとつ、縄文の遺跡から発見されるのは骨なのであるが、実は骨になる以前も含めて当然何らかの祭祀行為が存在したはずである。金生遺跡の焼かれた下顎につていては、焼く前・焼く際・焼かれた後のそれぞれの、あるいは一連の祭式があったとみてよい。また西の浜貝塚での下顎骨の集積、向台貝塚や加曽利北貝塚での頭を欠く幼獣の個体なども埋設された最後の状況なのであり、これに至る祭式を考えるてだてを見いだす必要がある。こんなあたりまえながら極めて重要なことを思い出させてくれた銀鏡の祭りでもあった。

再び縄文の世界に舞い戻ろう。猪の埋葬や埋納が行なわれた縄文時代でのいくつかの事例。それらを整理すると、そこには幼獣と成獣という大きな区分ができるのではないか。幼獣が必要とされる祭りと、成獣を用いた祈りという分類である。

まず成獣を用いた祭祀について考えてみよう。成獣では頭蓋骨あるいは下顎骨の埋設・埋納がある。特に西広貝塚57号住居から発見された頭蓋骨は強烈であった。牙の付けられたままの上顎が、住居内に堆積した貝層の上に置かれたような状態で発見されたからである。しかもこの住居内からは赤く塗られたハマグリなどの貝殻も出土しており、この場所がなにかしら特別の場所であったような感じがする。さらに猪の頭蓋骨が向く住居奥壁の方向に、改葬されて井桁状に積まれた成人骨と、乳児が納められた土器が置かれていたことを付け加えると、やはりここは尋常な場所ではない。特殊な埋葬の場、ということが頭に浮かぶ。もちろん住居が廃棄された後に行なわれた埋葬である。猪頭蓋骨も、住居に人が住まなくなりわずかに貝が捨てられた段階で置かれたものとみられる。つまり住居跡が窪みとなっている時に、猪頭蓋骨を配置するような祭祀が行なわれたのであろう。ただし成人の改葬や乳児の埋葬と猪とが直接関係があったのかどうか、それはわからない。しかし祈りのゾーンであったことは確かであろう。ここでの牙がついたままの雄猪の頭蓋骨には、さきにも考えたように、強い生命力への願望や悪霊を追い払うといったよう意味合いも推測できる。

同じように住居の跡に猪成獣の頭蓋骨が置かれていた例には、草刈貝塚の例があった。また、下顎についても二個が並べられていた小山台貝塚、平石の下に下顎骨が置かれていた山口貝塚などの例もすでに紹介したとおりである。さらには角がついたままの鹿の頭蓋骨とともに猪の頭蓋骨や下顎骨が集中していた宮野貝塚の例もみられた。これらは人の埋葬に伴ったり犠牲になったというよりも、その獣を代表とする頭部そのものを集めたり埋設・埋納したりすることに意味があったものと考えられる。銀鏡神楽にて行なわれた、猪の頭を祭るような祭祀行為が行なわれたのではなかろうか。民俗事例ではさらに信州諏訪大社の御頭祭にて供えられる鹿の頭、大分県の猪権現洞窟に納められる猪の頭などの例もある。また北海道のアイヌの人々がかつて盛んに行なっていた、熊の頭を祭った岩屋の事例もある。これらに直接結び付くとは思っていないものの、捕獲し食用に供する獣に対して、感謝と鎮魂そしてさらなる豊猟を願うという気持ちは、狩りを行なう者に共通する心情なのではないだろうか。

成獣の頭蓋骨や下顎骨、これらはやはり動物祭祀を行なう対象として、まことにふさわしい部位である。焼いて砕きそして撒くといった行為とあわせて、動物への心を込めた祈りを、これらの骨からうかがうことができよう。

銀鏡神楽にて供えられた猪の頭は「オニエ」と呼ばれた。オニエは「生贄」の贄、すなわち犠牲となった供え物という意味から来ているものと考えられるが、実際には猪に対する感謝と鎮魂であり、その目的は豊猟祈願であった。豊猟のために猪が犠牲として供えられたのではなく、猪は祭られる主役なのである。

なお、発掘される頭部や下顎は、当然骨になった状態で見つかる。埋納されたり配置されたりする際、それらは一体どのような状態であったのだろうか。銀鏡神楽にて祭られた猪の首は、胴体から切り離されたままのもの、すなわち生首であった。儀式の際には、縄文時代にあっても当然同様であったのだろう。しかし儀式終了後、それを埋納する時はどうであったのか。銀鏡神楽では祭り終了後に体毛は焼き、皮を剥ぎ、肉は神前用と直会用とに分け、後に残った骨は山に埋めるという。縄文時代の下顎についても、頭蓋骨から切り離されていることから、やはり皮や肉が取り除かれた上で分離されたと考えるのが自然だろう。その後に、特定の場所に置かれたり納められたりしたものではないだろうか。首から上の骨がそのまま出土するような場合、つまり頭骨と下顎とが分離されていない状況では、生身のままの埋設ということにもなろう。

次に猪幼獣についての儀式を考えてみよう。これには全身の埋葬、首のない身体埋葬、下顎骨の埋設・埋納などの例があった。全身の埋葬例は少ないが、犬とともに人の墓域に埋葬されているという特徴をみることができた。飼育動物である犬が、人の墓域に埋葬されたり、人とともに合葬されたりすることはごく普通に理解できるが、猪の幼獣についても同じように考えてもよいのであろうか。興味深いのは、人の墓域とはいっても特に幼児が埋葬されている近くに、犬も猪も埋葬される傾向がみられたことである。田柄貝塚では四体の成人と八体の胎児埋葬の近くに、犬二十二頭と猪二頭が埋められており、下太田貝塚では成人二体、乳幼児八体などが集中する埋葬地区に接して、生後一、二週から四、五ヶ月という猪が三頭と、生後五ヶ月という犬が葬られていた。このことからすると、人の乳幼児の埋葬と犬及び猪幼獣の埋葬には深いかかわりがありそうではないか。出産時あるいはその後まもなく死亡した乳幼児、その不幸な命を守るかのように近くに葬られた犬、そして幼い猪。人と犬と猪、これらの死が同時であったのか、あるいはそれぞれが時を異にして死亡したのか。もし同時であれば犬と猪は犠牲獣であった可能性はある。ただ猪の出産は時期的には四月～五月の場合が多いことから、その幼獣の死と人が死んだ時期と重なるケースは限られている。しかし、犠牲獣ではないとしても、犬や猪が人の子供の墓域へ意図的に埋葬されたことは確かであろう。子供の墓域で行なわれる祈りの儀式に伴って、犬や猪が葬られたのではないだろうか。幼い子供の命に寄り添う犬、そして再びよみがえることを願う猪。そんな思想があったのではないか。

なお、白井大宮台貝塚での例はさらに複雑であった。ここでは一つの穴の底に、成人男性と成犬とが埋葬されており、その上部に猪幼獣一体分がみられたからである。人と犬とが同時に埋葬され、幾分かの時を置いて穴の上部に猪が埋められたことになる。穴の中に貝殻が捨てられていることから、人と犬の埋葬が行なわれた際にこの穴は完全には埋められてはおらず、少なくとも真ん中くらいから上は、窪地になっていたことが考えられる。ここに猪が埋葬されたとすれば、当然人と犬とがその下に葬られていたことを村人は知っていたであろう。埋葬されたのが成人ではあるが、ここでも猪が人と犬との埋葬にかかわっていた可能性が考えられるのではないか。

なお、ここでの犬は、先に前浜遺跡でみた女性の胸のあたりに合葬してあった犬と同じように、人と同時に死んだものとみてよいだろう。例えば、狩などの際の事故により人と犬とが同時に死亡するといったこともありうるが、この場合犬を犠牲獣と考えてもよい。犠牲獣としての犬があるならば、特に猪幼獣についてもその可能性はあろう。少なくとも、人の死にかかわる儀式に猪の幼獣が用いられたということは、十分にありうる。

次に首のない遺体である。この確かな例も向台貝塚と加曽利貝塚の例位しかない。また、切断された頭部がどのように用いられたのかも、発掘成果からはわからない。時代が異なる晩期の例ではあるが、幼獣の下顎骨が集中していた金生遺跡の例や、土器の中に若い個体とみられる猪下顎骨の一部が納められていた道平遺跡の例などを参考にすると、切り離された頭部は最終的には、埋設ないし埋納されるということになる。しかしその過程では、儀式におけるいくつかの段階を経ていることは当然であろう。全身埋葬以上に、首のない個体の埋葬例からみると、幼い猪の頭部を捧げるような儀式が行なわれたことは、想像に難くない。

金生遺跡の、穴に納められていた焼けた下顎骨、それは一連の祭りが終了した段階を意味する。そこには、生後七ヶ月ほどの幼獣→殺害→頭部切断→下顎解体→火→埋納、という工程がある。どの段階にてどのような儀式が執り行なわれたかはわからないが、少なくとも殺害時、頭部切断後、そして火にかけるという段階には、それぞれ何らかの儀式が執り行なわれたものと考えたい。なお銀鏡神楽での工程を参考にすると、下顎解体の際に皮膚や肉が取り除かれ、骨として剥きだしになることが推測できる。

ところで、首を切断する儀式にはどのような場合があるのだろうか。まず第一には、切断した頭を供えるといったことが考えられる。生贄といってもよいだろう。神様に願いをかなえてもらうために幼い猪を殺し、その生首を捧げる祭りが縄文時代に執り行なわれていたのであろうか。およそ四千五百年前の千葉県向台貝塚から出土した首のない猪の遺骨や、二千五百年前の山梨県金生遺跡の下顎骨は、このような推測までもたらしてくれる。

向台貝塚や加曽利貝塚から発見された首のない猪幼獣について、生贄の儀式を伝えるものとみたのは島崎弘之氏であった。島崎氏はその習俗を「集落で一頭又は二頭の幼いイノシシの頸を切断し、切り離された頭部を神に捧げ、残りの体部を葬ったのであろう」とし、縄文中期での犠牲獣の存在を推測した（島崎一九八〇）。さらには前期諸磯b式土器につく猪装飾も幼獣とみなし、この段階から動物供儀が始まっていたという意見も示した。

幼い猪が用いられる儀式が執行された季節は、秋から冬にかけての頃か。金生遺跡の幼獣は、生後七ヶ月前後とのこと。四月から五月という出産期からすると十一月〜十二月に殺された猪ということになる。晩秋に行なわれるとすればそれは収穫祭ということにもなり、さらに十二月であるならば一年で最も日照時間が短い季節での祭り、ということにもなる。新暦十二月中旬に奉納される銀鏡神楽は、鎮魂と感謝を伴った狩猟祭祀でもあった。やはりこの時期の祭りは多彩である。動物を捧げて祈るとすれば、しかも猪の幼獣を殺して捧げるとすれば、それはなにか。島崎氏は先の論考の中で、集落の中央広場にて執り行なわれた儀式、たとえば住居の建築にかかわる地鎮祭などを視野にいれている。

私は第一章にて、中部山岳地域にて盛行した中期土器の装飾を詳しくみてきた。その主役の一つに猪があった。それは豊かさの象徴であり、新しい命をもたらす生命力の象徴でもあった。蛇と出会うことによりその力はさらに増幅していく。猪に込める願い、それは豊穣と生命の力ではなかったか。

猪装飾に込められたそのような願いに対して、幼い猪の役割とはなにか。その一つは、乳幼児の埋葬にかかわった祈りにある。幼くして死んだ人間の子供が埋葬された墓域、その場にて執り行なわれた儀式での役割。子供を守ることを犬に願い、猪には新しい命の再来を祈るといった願いが託されていたのかもしれない。もう一つの役割、それが秋から冬の祭りへの参加であった。それを生贄と表現してよいのかもしれない。猪の幼獣、それは縄文の祭りに必要な犠牲獣であったと考えたい。

子供の猪はまさにこれから育っていく、豊かさの源。晩秋の祭りとは、豊かさをもたらしてくれた「神」への感謝と来るべき年への願いではなかったのだろうか。日毎に短くそして弱くなる太陽、そのよみがえり、再生を願う儀式、一方ではそのような祈りも考えられる。

以上、縄文時代における猪について、成獣と幼獣の祭祀での役割を考えてきた。成獣は豊猟を願う儀式——鎮魂、感謝を含めた物送りのような儀式に用いられた可能性を考えた。遺跡全体から発見される焼けた獣骨片もこれに含まれるのではないだろうか。そして幼獣については、より広い視野での豊穣や命のよみがえりを願うための犠牲獣として、その役割を演じたものとみなしたのである。

五　猪への祈りのまとめ

これまでみてきた、猪にかかわる祭りの目的や儀式を想定した流れをまとめてみよう。

○成獣頭骨・下顎骨などの埋設・埋納→山の幸に対する感謝と鎮魂＝来るべき豊猟祈願
（成獣雄の牙付き頭蓋骨→鎮魂・強い生命力への祈り・辟邪とか魔除け）
○焼骨破片の散布→火による浄化、そして再生を願う「物送り」
○幼児墓域にみられる幼獣埋葬→再生の願い
○首のない幼獣・幼獣の下顎骨→犠牲獣＝豊穣や新しい生命の誕生などへの願い

などが考えられた。

これらの儀式とその流れを、図式化すると次のようになろうか。

成獣

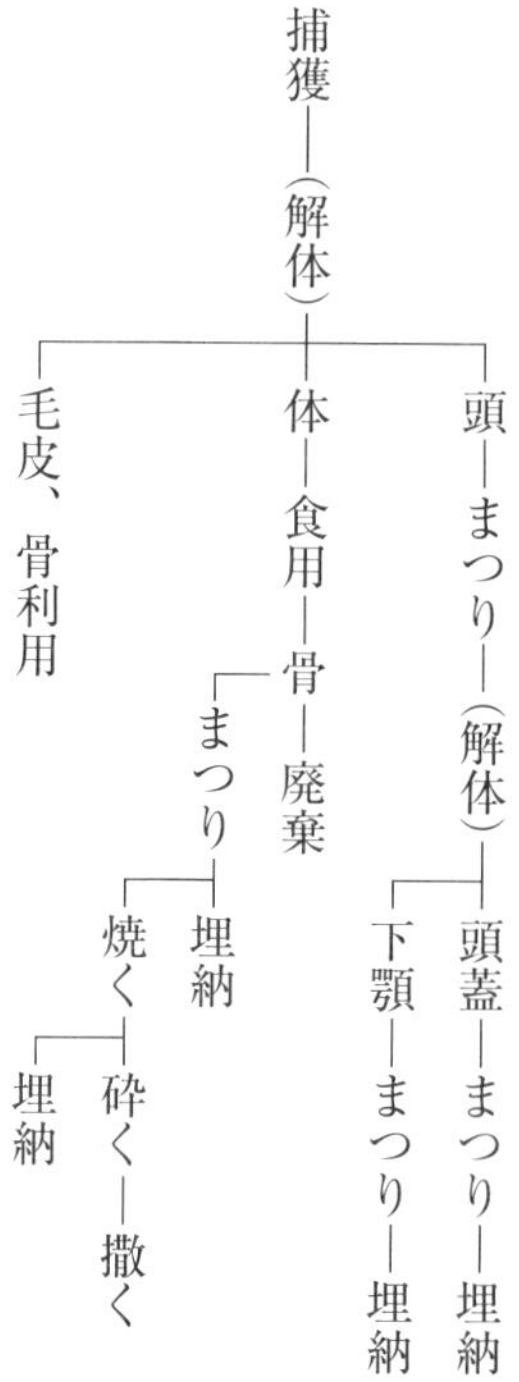

幼獣

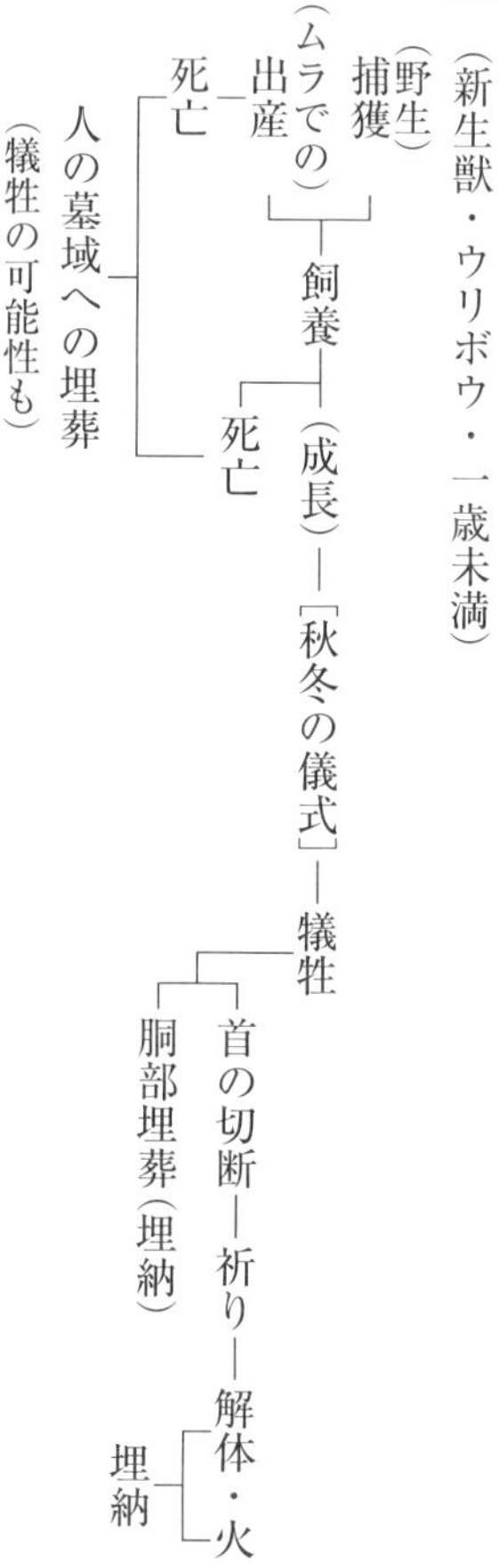

そしてこの背景には、

①捕獲された野生成獣（雄雌）、幼獣

②野山とムラとを自由に出入りする半飼育状況の雌猪

③出産から儀式まで養われる幼獣

というようなパターンでの猪がいたことが考えられる。この①～③の内、特に②と③については猪の飼育・飼養問題にかかわる大変重要な状態を示すものである。縄文人と猪の関係を語る上で欠かすことのできない問題でもあり、次の項でくわしくふれることとする。

第三章　猪の飼育・飼養問題について

一　飼養への道筋

猪の幼獣が犠牲獣として用いられた可能性は、さらに猪の飼育や飼養への問題にまで踏み込むこととなった。ここでは猪の飼養についてこれまでの論議を整理し、私の考え方を示すことにしたい。なお、「飼養」とは単に一世代を育てることであり、交配や次世代の繁殖が技術的に可能となる「飼育」とは区別してとらえられている。

この問題をまず取りあげたのは加藤晋平氏であった。加藤氏は犠牲獣としての猪の存在や「イノシシ土偶」の意味などから、縄文前期、中期を半飼育段階、後期、晩期を交配・去勢技術が含まれるさらに進んだ段階とみた（加藤一九八〇）。加藤氏のいう半飼育とは、女性によって保育された猪が、野生の猪と自由に交配する段階を指している。このことから飼養の範疇でとらえてもよいことになる。加藤氏のこの半飼育という考え方をさらに発展させた小野正文氏は、猪養の目的として「食料資源としての意味合いは従の位置にあり、それは祭祀・呪術に供される欠くべからざる獣肉のためであったと思われる」と考えた（小野一九八四）。そこには犠牲獣としての位置付けが十分に意識されている。小野氏が縄文時代に猪が養われていたと考えたきっかけは、土器に付けられた猪装飾や猪形土製品など猪にかかわるシンボル性からでもあった。なお、小野氏は縄文時代にはあくまでも「飼養」段階であったとみているが、それは動物を飼うことの経済的な負担の大きさによるものでもある。猪を「飼育」するのに十分な食料生産が行なわれていたかどうかの問題でもある。それでもなお、幼猪が必要であったわけであり、その目的が「祭祀・呪術に供される獣肉」、言い替えれば祈りに捧げるための犠牲獣ということになろうか。その犠牲獣を得るための猪との最低限のつきあい、それが野生の猪との自由な交配――これが半飼育であり飼養でもある――ということになる。

加藤氏や小野氏が着目した「野生の猪との自由な交配」、これが正に卓見であったことは、本書の冒頭にてまず紹介した道志村の雌猪「はな子」が証明した。渡辺新平氏が愛情をこめて育てた、ウリボウの「はな子」。成長後山に帰ったものの、やがて大きなお腹を抱えて渡辺邸にもどり、出産。野生の猪との自由な交配そのものではないか。そして出産は安全な人家で行なう。人と猪とのかかわりの中にはこんなにもゆるやかでいて、しかし深い信頼が築き上げられるつきあいの仕方があったとは。

縄文のムラにて、母猪の後を縞模様がだいぶ薄くなった五、六匹のウリボウが「ぶひぶひ」と鳴きながらあちこち歩き回る。夏から秋にかけてのそのような光景が思い浮かぶではないか。

ところで、半飼育のような状況に関して農学者林田重幸氏は、八重山群島西表島船浮集落での興味深い実例を紹介した（林田一九七一）。この集落周辺には猪が多く、「メス豚の発情期にはオス猪が近くをさまよい、メス豚は山に逃げて交配をすませて帰ることもある」というのである。そして「先史時代にメスの猪を飼養し、オスの猪をおびき出すようなことを行なっていたかもしれない」と考えた。林田氏の推測も、まさに的を射ている。この集落では実際に幼猪の飼養を行なっていたとのことである。

林田氏の推測、そして加藤氏が考えた「半飼育」という段階、それをさらに発展させた小野氏の「野生の猪との自由な交配」などのとらえかた、これらの考え方には感服せざるを得ない。後に小野氏は、自宅に迷い込んだ野生のウリボウの餌付けに成功し、飼養を試みた経験を持っておりその記録を留めている。やはり人に懐きやすい猪の性格がよく記録されている。反面飼料確保や管理面の大変さも指摘されており、幼獣であるからこそ飼養も可能であるとの体験が記されている。

猪飼養が日本の縄文文化の中で始まるきっかけとして、小野氏は大陸からの影響を考えており、加藤氏も特に後期晩期での飼育を北アジアの文化複合という面でとらえている。林田氏の報告からは南方からの伝来も視野に入りそうである。弥生時代になって猪類の一つであるブタの飼育が伝来することが一般的になっているものの、縄文時代での猪類の飼育・飼養問題はまだ激しい議論の真っただ中にある。金生遺跡の百十五個体という猪幼骨を分析した金子浩昌氏も、この中には雌雄ともに含まれることや、一度に埋められたものではないことなどから、飼育された家畜を考える必要性はないとし、その使用目的も狩猟祭祀と位置づけている。土肥孝氏も狩猟・採集を主とした段階の複合文化ととらえる限り、飼養は考えられないとする（土肥一九八三）。

なお近年西本豊弘氏を中心に、弥生の豚を含めた猪類の形質学的な研究が進められており、家畜と野生との科学的な差異が見いだされはじめている（西本一九八九）。それは、家畜化されることによる歯や骨格変化のデータ化と検証であり、この分析を縄文の猪に用いることにより、飼養・飼育問題の解決に迫ろうとする研究である。その成果をもとに、西本氏は猪の家畜化について積極的に考えている。野生種での個体変化をも考慮した上での分析という条件もあるものの、今後大きな役割が果たされるものと期待できる。

写真30　はな子と子供

ところで、やはり飼育や飼養を行なうのには動物を育てるための飼料、いいかえれば人の食料以外の余剰生産、すなわち生産力が条件となっている。この点からすると、道志村の「はな子」は野山と村とを自由に行き来するまさに半飼育の生活であり、生産力を補うのにはまことにふさわしいシステム内にいたことになる。

かつて私は「縄文時代後晩期における焼けた獣骨について」という論文の中で「（十月初旬のころ巣から出た）子連れのイノシシは、やはり縄文人にとっても目につき易いものであり、捕獲される率は当然高かったものと思われる」という表現を行なった（新津一九八五）。ここでは捕獲してから祭祀に用いられる間の飼養は当然考えたものの、出産以降の幼獣飼養という必要性は特に考えてはいなかった。しかし道志村での事例に接することにより、半飼育的な状況の可能性が考えられること、さきにふれた縄文時代における猪幼獣の犠牲獣としての可能性や人の幼児埋葬とのかかわりなどの事例検証を含め、猪幼獣の果たした役割を考えると、縄文時代における猪飼養はやはり有り得べきことかとも今は考えている。

しかしそれにはある一つの大きな条件が前提となる。それは「野生の猪との自由な交配」をもたらすことのできる条件である。その条件は自然界における猪増減サイクルでの増加期によってもたらされるものと考えている。

次にこのことについて踏みこんでみよう。

二　猪がやってきた

私はこれまで、江戸時代における猪や鹿の被害について、文献資料からその実情を調べてきた。特に山間部や山沿いの村では、これらの獣による農作物への被害が深刻であった。このため村人は協力して、毎晩追い払いを行なったり、猪垣というバリアーを築いたりして大変な労働力や経費を費やすこととなった。これについては歴史編にて詳しくふれるが、村の記録からこのような被害の実情を追ってみると、江戸時代を通して被害には増減の波があることがわかった。つまり被害の大きい年と少ない年とが一定の継続期間を持って、訪れるのである。被害の激しい年とは猪や鹿が増えている年であり、被害が少ない年はそれらの獣が減少していることを意味する。これらのスパンは概ね二十〜三十年前後の波として表われる傾向がみられた。これを「猪増減サイクル」と呼んだ。本書の冒頭でもふれたように、このことは現在にもみられる。私の子供時代、昭和三十年代から五十年代では猪の被害などあまり聞くことがなかった。それが昭和六十年代から平成の初め頃になると目立ちはじめ、平成十五年以降は大きな被害となって現在までも続いている。今はまさに増減サイクルの増加絶頂期にあると言えよう。

このようなサイクルの発生は、山林伐採や耕作地の拡大など猪生息区域への人の進出が大きな原因であるが、気象条件や食料条件も加わった自然界での動植物盛衰のさらに大きなサイクルの中に位置付けられる現象かとも考えられる。従って、あらゆる時代にこのような現象が起こりうることになり、縄文時代にも「猪増減サイクル」があったものと考えられる。

写真31　小野家のイーちゃん

先にみた縄文前期諸儀式の時代、そこでは土器に猪の顔が突出して作られた。中期の中頃には、蛇とともに土器を飾る主役の一つとして猪が幅をきかせた。さらに後期の初めには東北北部にて猪形土製品が作られるようになり、やがて東日本全体に広まっていく。これらの時期にみられる猪造形の緻密な表現や、その特徴が増幅されるような造形からは、縄文人の確かな観察力がうかがわれる。それは猪が身近な動物であったからに他ならない。やはり縄文集落にまで猪がやってきていたのである。縄文時代の中でも猪造形が発達した時期、それが現在と同じような猪増加の時期にあたっていたのではないだろうか。春から夏にかけて、多くのウリボウが保護される機会の多い現代。道志村の「はな子」のように人に養われ育ち、やがて「野生の猪との自由な交配」により身ごもり、安全な人のもとでの出産。これも「猪増減サイクル」の絶頂期にあるからこそ生じた現象なのである。縄文時代での猪飼養とは、まさにこのような自然のなせる条件下でもたらされた「なりわい」ということになる。

ところで、猪の群れが縄文ムラにやってくる理由とはなんであろうか。その一つについて、猪装飾がはじめて作られた縄文前期後半を例にとり考えてみよう。この頃は関東地方や中部地方では大きな集落が形成されはじめた時期である。中央部に広場を持ち、それを取り囲むかのように家が巡る「環状集落」という形態のムラもみられる。同時に、住居数軒から成る小さなムラが山間部にも点在するようにもなる。これらのことは、森が切り開かれ人の居住する場所が広がり、猪が活動する範囲と重なってくることを意味する。住居を建てる材料の調達、日々の燃料、食料獲得のための森や平地の管理、このような暮らしの中でムラの周囲には生産地や空き地そして道なども含め、森との境をなす緩衝地帯が広がっていく。植物学の立場からすると、突然に高木が茂る森になるのではなくその周囲には灌木類やつる植物などが群生すると言われている。特に森林から続く低木群落の裾には「ソデ群落」あるいは「ふちどり群落」と呼ばれる各種の草本植物が生育するという（宮脇一九七一）。このような植物群の相互関係は、集落が形成された周辺環境にもあてはまるものと思われる。つまりムラと森との間には雑草やツル植物などが繁茂する明るい空間地が広がることになる。西田正規氏は定住集落の生態系として原生林と集落の間に「栽培空間」や「二次植生」地帯を想定した（西田一九九五）。実は、このような「ふちどり群落」や「二次植生」空間という緩衝地帯は猪にとって大変重要な場所となる。ここには猪の好物となるクズやワラビといった根に澱粉を蓄える植物や、野生の豆類などが繁茂するからである。歴史編の江戸時代の項で詳しくふれるが、東北八戸藩の『猪飢饉』をもたらした猪の異常なほどの繁殖も、大豆畑の休耕地に繁ったクズやワラビに原因があったという。縄文集落の周囲に広がる緩衝地帯、そこも猪が好む植物がはびこる雑草地帯ではなかったろうか。

近年中山誠二氏らによって、縄文時代の栽培植物についての研究が進められている。その中で特にマメ類に関する大変注目すべき成果が次々と発表された。縄文土器に残る各種の小さな圧痕、そこにシリコン樹脂を流し込み型をとり、それを電子顕微鏡で観察するという方法で、マメ類やシソ類の種子を特定した。その成果は、山梨県酒呑場《さけのみば》遺跡や女夫石《めおといし》遺跡の例からダイズやアズキ類が縄文中期にまで遡って栽培されていた可能性を見いだすとともに、前期後半の土器からも野生種ながらダイズ属の一種であるツルマメの圧痕を確認したのである（保坂・野代・長沢・中山二〇〇八、中山・長沢・保坂・野代二〇〇九、中山・閏間二〇〇九）。中山氏が用いた縄文前期後半の資料とは、さきにふれた環状集落の山梨県天神遺跡から出土した土器である。この天神遺跡の多くの土器破片を観察したところ、わずかではあるがシソ属九点とともに野生のツルマメ二点を読み取った。ツルマメとは現在でも荒れ地に生えるツル性のダイズ属野生種である。夏から秋にかけて紫色の小さな花をつけ、栽培大豆と同じような鞘をつける。栽培された大豆の種子が長さ一センチ前後であるのに対して、ツルマメは六ミリから七ミリと小さい。同じ八ヶ岳山麓にある中期の酒呑場遺跡からは、栽培種とみられるダイズの圧痕が発見されている。縄文前期後半から中期への経過の中で、同じダイズ属の野生種と栽培種が認められたことは、縄文時代における植物栽培への道程、つまり農耕の開始を考える上で極めて重要な問題を含んでいることになる。これらの成果を中山氏はつい最近学位論文としてまとめたばかりであり、その中でもダイズなどのマメ科植物の栽培について、「集落周辺部などの小規模な空閑地や人為的撹乱を受けた荒地」を利用する「園耕」という栽培形態を主張した（中山二〇一〇）。中山氏らの画期的な研究に期待する点は大きい。

ところで、天神遺跡からツルマメが確認されたことは、先にふれた遺跡の周辺環境を復元する上でも大変参考になる。集落の周囲に広がる、林との緩衝地帯のことである。縄文人は森を切り開きムラを作った。ムラの中央は広場や墓域として、日々の暮らしや祭りを行なう場所である。ムラの外には、木材や燃料を切り出したり、木の実を管理し採集する森が広がる。動物たちの生息舞台でもある森。そのようなムラと森とを境する緩衝地帯、そこはクズやワラビやそしてツルマメなどが生い繁る開けた土地ではなかったか。縄文集落の周辺はやはり猪にとって格好の食餌場であり、恵まれた温暖な気候などの自然環境さえ整えば大繁殖の時を迎えることにもなろう。

なお西田正規氏は、定住生活でのゴミや排泄物による環境汚染対策を大変重要視している（西田二〇〇七）が、やはり縄文集落の一角には必ずゴミ捨場が設けられていたはずであり、発掘調査により確認できる土器捨場や貝塚もそ

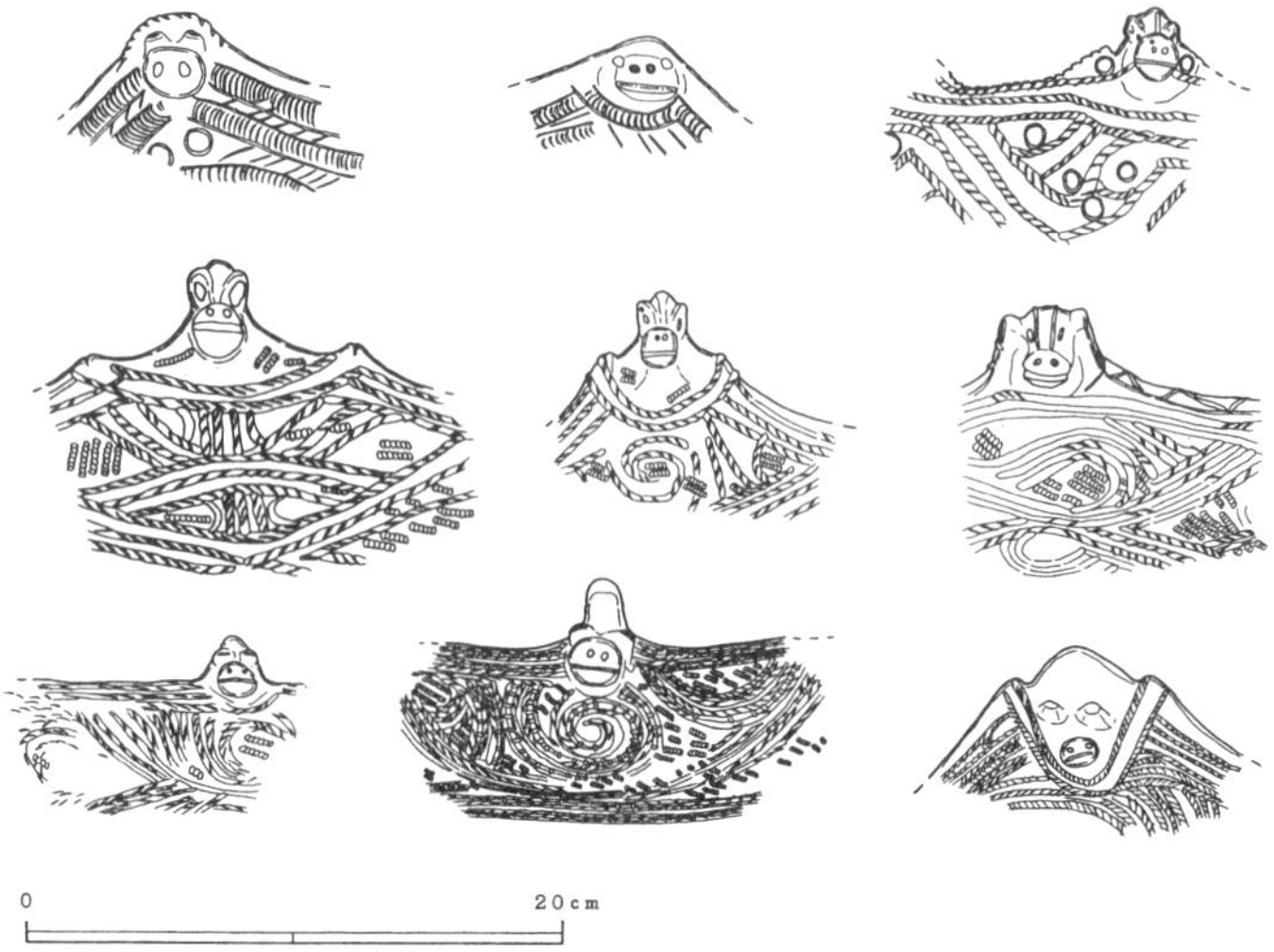

第21図　中野谷松原遺跡の猪たち（大工原1998より抽出）

の一種であろう。集落と森との緩衝地帯、そこは集落から排出されるさまざまな廃棄物の集積場、つまりゴミ捨場としても用いられていたにちがいない。このことも含め緩衝地帯は猪にとって魅力ある場所であったと考えたい。

今からおよそ六千年前ともいわれるの縄文前期後半、縄文人が土器に猪を造形した背景には、このような集落環境があったからではないのか。

ところで天神遺跡からは猪装飾は数点が発見されているにすぎない。実は、猪装飾の中心は群馬県西部である。第一章でふれたとおり、安中市中野谷松原遺跡はその代表遺跡でもあり、なんと百三十点ほどの猪装飾をみることができた。さまざまな顔の猪、その表情はまさに猪を身近にて観察した縄文人こそが造形できる表現でもある。中野谷松原集落の近くには猪が多かったのである。やはりこのムラの周囲にもクズやワラビが繁りツルマメが生える緩衝地帯が広がっていたと考えたい。この緩衝地帯に餌を求めて出現する猪、そして縄文人とのつきあいがはじまり、さらには半飼育・飼養といった状況にも至ったのではないか。中野谷松原遺跡の前期後半のムラは、竪穴住居や高床などの建物とともに広場や墓域などから構成された、この地域での中心をなすムラと考えられている。この調査報告書の中で大工原豊氏は、猪装飾が盛行した時期の中央広場について「地下茎を食用とする植物（ヤマイモ類など）を栽培する場所（耕地）であった可能性もある」と大胆な推測を行なっている（大工原一九九八）。根茎植物を栽培しているとすれば、なおさら猪は集まりやすい。

土器につけられた猪装飾、その表現からは生きた猪と接触した縄文人だからこそ造形することができたリアルさがある。長野県小海町にある中原遺跡からも、明らかに猪とわかる装飾二十点以上が出土している（島田二〇一〇）。群馬県西部から長野県南東部、これらの地域が猪装飾の中心地であった。前期後半の一時期、猪装飾がはじまった群馬西部地域を中心としたムラには猪が出入りしていたと思われる。これらの地域の遺跡にて出土する諸磯ｂ式土器について、中山氏の方法にて観察／分析を行なえばさらに豆類などのデータが加わるのではなかろうか。

しかし、中野谷松原遺跡をはじめ猪装飾が盛んに作られる時期は短い。同じ諸磯ｂ式土器が作られる時期の中にて、その後半期には衰退が始まる。天神遺跡が形成された時期は、この諸磯ｂ式期の後半なのである。ということは、集落近くに猪が盛んに顔を出した時期――猪大繁殖の期間――はそう長くはなかったのであろう。江戸時代の猪被害サイクルでは、二十年から三十年という増加期をみることができた。縄文前期後半の猪繁殖期間も、これに近い年数であったのかもしれない。この数値は一つの土器型式の継続期間を考える上でも参考になりそうだ。

縄文前期の例をあげてみたが、群れが集落にやってくるほどに猪が繁殖した時期、このような時にこそ、「半飼育」つまり「飼養」といった状況がもたらされたのではないだろうか。縄文時代における猪飼養の可能性。それは「猪増減サイクル」の中での条件が整った時にこそ実施されたのであり、縄文時代全体を通して常時行なわれていたというものではないだろう。飼養が行なわれていない時、それでも儀式に必要な猪は自然界から捕獲する必要がある。そのような飼養と狩猟とが同居するような生業形態、それが縄文時代における人と猪とのかかわりであったと考えている。

第二部　古代文化をいろどる猪——弥生から古墳、そして歴史時代へ——

第一章　弥生の猪

一　縄文の神から弥生の祈りへ

（一）弥生の猪――野生種と豚――

縄文時代に物語りの主役の一つとして土器を飾ったり、土製品としてリアルに表現された猪造形、それらは弥生時代になるとすっかり影を潜めてしまう。また猪そのものが人の墓域に埋葬されたり、頭の骨や下顎骨が埋納され鎮魂の儀式が行なわれたような痕跡も、非常に少なくなっていった。

縄文時代の猪、それは縄文の世界観を語るのに必要な「神」でもあった。このような猪造形がなくなっていくこと、それは猪に対する考え方が大きく転換したことにある。

弥生時代の人々の猪に対する考え方は、縄文時代とは全く異なっていたのではないか。弥生人にとっては、猪よりも鹿への想いが強かったらしい。土器や青銅器に描かれる動物は、鹿が圧倒的に多い。しかし猪が全く登場しないというのではない。銅鐸に描かれる比率は鹿が主流ではあるものの、やはり猪の登場はある。また、祈りにかかわったような状態で発見される猪の下顎もある。弥生時代の遺跡から発見される食料の残滓とみられる骨に関しては、鹿よりも豚を含む猪類の方が多いことも事実である。

このような事例をとおして、弥生時代の人々と猪とのかかわりを追っていこう。

まず弥生時代の猪について注意しなければならないのは、豚が現われてくることである。つまり野生動物としての猪に加え、家畜化が進みつつある豚も同時にみられることである。動物考古学を専門とする西本豊弘氏によると、家畜化が進むにつれ下顎や頭の骨が変形してくるという。全体は短く鼻先は丸みを帯びてくる。恐ろしげな野生からおだやかな家畜への変化ということになろうか。西本氏が分析した大分県にある下郡《しもごおり》桑苗《くわなえ》遺跡の例を紹介しよう（西本一九八九）。この遺跡は大分川の河口付近の低地に形成された遺跡で、縄文時代後期から近世までの遺構や遺物が出土している。低湿地であることから農具などの木製品や骨類が残りやすい。この遺跡の弥生時代前期後半〜中期前半の層から発見された三個の頭骨には、縄文時代の猪とは異なった特徴がみられることから、西本氏は家畜化されている「ブタ」とみなし、これらを称して『イノシシ類』遺体という言葉でも表現している。

野生の猪とは異なった特徴として、西本氏は次の八つをあげた。

一　歯に歯槽膿漏の症状が認められること
二　上顎骨後部が前方に張り出すこと
三　吻部が幅広で短くなること
四　頬骨弓が外に少し張り出し、頭部全体が丸みをおびること
五　発育不良の歯や発育異常の頭蓋骨が存在すること
六　同年齢の個体では野生猪よりも骨が肥大していること
七　口蓋骨後端部がV字状をなすこと
八　七の特徴も含めて、形質的特徴が、年齢差がありながら三個体に共通する点が多いこと

学術的な専門用語が多く難解な部分もあるが、要するに野生から家畜化に至る過程の特徴がみられるとのことである。人に飼われることにより、野生としての特徴が薄れてくるということになろう。歯槽膿漏は食生活の変化、特に柔らかいものを食べることからもたらされる病気でもある。また、二〜四などにみられる骨の変化、つまり顔面から頭部にかけて丸みをおびてくることは、正に野生から家畜への変異であり、さらに六の特徴は家畜としての効率化へ

の一歩ということになる。

これらの特徴がみられることから、下郡桑苗遺跡出土の猪類を、西本氏は「ブタ」と判断したのである。しかも重要なことは、これらの豚が縄文時代に生息していた野生猪から豚化したのではなく、「ニホンイノシシとは別系統のブタが大陸からもたらされたのではないかと現状では考えている」としたことにある。後からふれるが、弥生時代には猪類の下顎の骨を棒にかけるという儀式があるが、西本氏はこのような儀礼を農耕儀礼の一環として大陸から伝わったものと考えており、このことからすると弥生時代になって稲作・農耕儀礼とともに豚も日本にやってきたことになる。縄文の猪とは違った系統の中で、弥生の猪類あるいは豚がその役割を果たしていたのであろうか。下郡桑苗遺跡の発掘調査はその後も行なわれており、さらに良好な頭蓋骨が複数発見され、やはり豚としての特徴が同様に観察されている。

弥生時代の猪類の研究は今後もさらに進んでいくものと想われる。特にＤＮＡ分析も実施されており、松山市宮前川遺跡や今治市阿方《あがた》遺跡での例が「アジア系ブタ」であることが新聞報道されており、さらに猪と豚の区別や系統の問題が明確になっていくことが期待される。

（二）猪類の儀例と目的

弥生時代における猪類の儀礼にはどのようなものがあったのか、次にそれらの事例をみてみよう。

まず佐賀県唐津市にある菜畑《なばたけ》遺跡の例が、最もわかりやすい。ここからは図に示したように、下顎三体分が棒により串刺しにされたような状態で発見されている（第22図）。下顎の後端の広い部分に円形に開けられた穴があり、これに棒を差し込むというのである。複数の下顎の骨がこのようにして、ひとつながりになるわけである。菜畑遺跡の例は夜臼・板付Ⅰ式という弥生時代前期に属すもので、住居群と水田との間の緩やかな斜面から出土しており、付近には小規模な貝塚や土坑墓もみられる。多くの土器や円孔のある下顎骨もさらにいくつか出土している。これらのこと

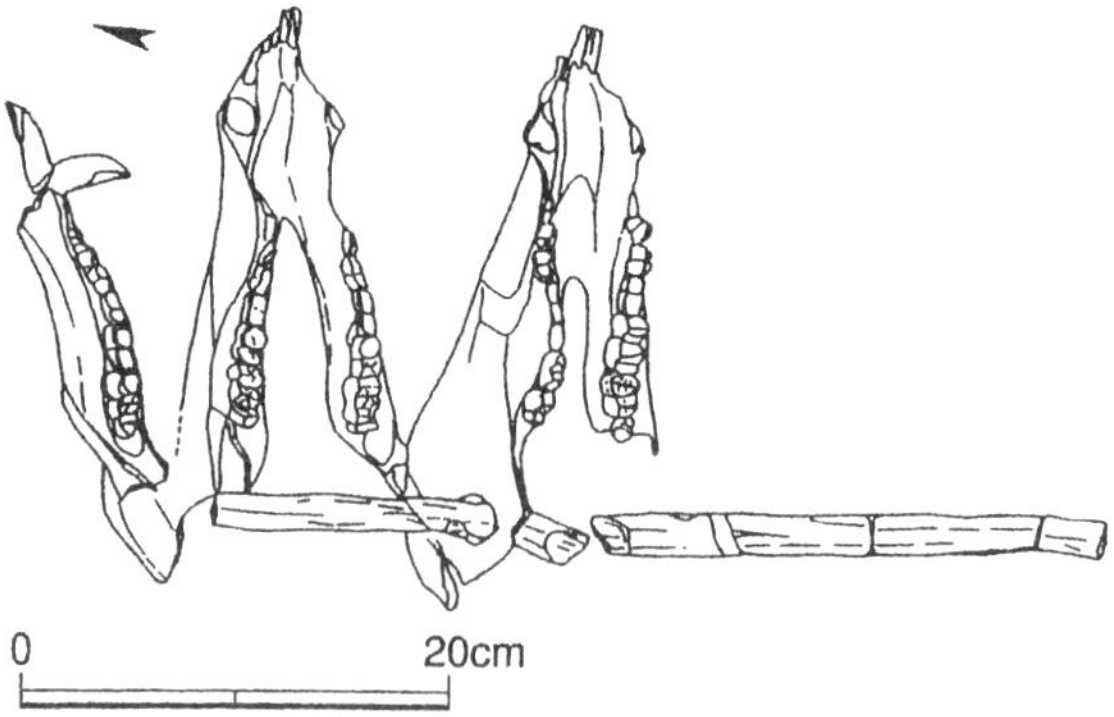

第22図　佐賀県菜畑遺跡の下顎骨
（唐津市教育委員会1982より）

からこの一帯が祭祀を行なった場所とみられている。住居がある集落と水田の間の地帯が祭りを行なう場であり、そこで猪類の下顎を用いた祈りが行なわれたのであろうか。

類似した例が岡山県南方《みなみかた》（済生会）遺跡でも知られている。この遺跡も川に面した低い場所に立地しており、湿地堆積中の河道の北向き斜面に直行するような状況で猪類下顎骨が発見されている。下顎骨は十二個体あり歯を下にして並べられており、中央にはシカの頭骨が一個置かれている（第23図、写真32）。鹿の頭の骨と猪類の下顎の骨、これらが連なって置かれているとは、異様な光景ではないか。このような状況から、これらは「猪類下顎配列遺構」と報告された（扇崎・安川一九九五）。弥生時代中期の中頃の遺構とみられている。下顎骨の側面には、いずれも直径二・五センチ～四センチの孔が開けられていることは唐津市菜畑遺跡の例と同じである。ただしこの南方遺跡の例では、菜畑遺跡のような下顎を串刺しするような棒は見当たらず、骨を置いた後にそっと抜き取ったのではないかとも考えられている。十二個とも雄の成獣から老獣であるが、付近からは若い個体の穿孔されている下顎骨が少なくとも九個体出土しているとのことである。

猪類の下顎の骨だけを抽出し、このように並べることはやはり通常のできごとではなく、やはりなんらかの祈りの世界につうずる行為があったとみてよい。菜畑と南方に共通するのは、集落外の水田に近い場所、湿地のようなところから出土し、しかも棒のようなものでつながっていた可能性がみられることである。

下顎に孔のある例については菜畑遺跡の報告書にて渡辺誠氏が奈良県唐古・鍵遺跡など全国八例を紹介した（渡辺

一九八二)。その後春成秀爾氏は「豚の下顎骨懸架」というテーマで全国事例を集成し、弥生早期後半から後期後半までの時期に九州から愛知までの広がりを把握した(春成一九九三)。春成氏は、下顎骨を棒でつなげてどこかに懸けておくという意味から、これを「下顎骨懸架」と呼んだ。その結果同じような出土事例について、「穿孔懸架」十四例、「無穿孔懸架」三例、「下顎副葬」三例を確認したのである。では何のために、猪類の下顎骨を棒で連結し吊し下げたのであろうか。春成氏は、中国における発掘事例やアジアの民俗事例を検討した結果、「辟邪」すなわち魔除けの意味を見いだし、その起源を中国に求めたのである。民俗例では、豚の下顎骨を室内の壁に掛けておき、富の象徴とするとともに家族の平穏を願い、誰かが死ぬと村の外に捨てるという雲南省の風習、死者の霊魂を送るために殺した牛

第23図　岡山県南方(済生会)遺跡の下顎骨
(扇﨑、安川1995より)

写真32　猪の下顎骨配列(岡山県南方(済生会)遺跡)
(岡山市教育委員会提供)

や豚の下顎骨を、その後棺の上に置いて埋めたり、棒を用いて墓の上に立てるという海南島の習慣などを紹介した。豚の下顎骨は邪悪を退け死者の霊魂を護るらしく、それは中国の古文献にあるという。さらにはそれに先行する中国新石器時代では、豚牙を着けた呪具を死者に副葬するという。豚の牙や下顎骨には邪悪なものを寄せ着けない力があるということになる。第一部でみた縄文時代の貝塚などから発見された猪の下顎骨や、頭骨にもこのような意味があったのだろうか。改めて考え直す必要もある。

しかし、菜畑遺跡や南方遺跡のような下顎への穿孔例とか、棒でつながれるといった事例は、縄文時代ではみることはなかった。これはやはり弥生時代になってからの祭祀行為に伴うものであろう。春成氏は「豚の下顎骨を辟邪の呪具として用いる習俗は、朝鮮半島ではまだ知られていないが、弥生時代早期に渡来した人々が稲作や農耕儀礼とともに西日本にもたらした、中国新石器時代に起源をもつ辟邪の習俗であったことは確かである」と断定した。

このような猪類の下顎骨を用いる例が大陸起源であり、弥生時代になってから持ち込まれたということについては、動物の骨から考古学を追及している西本豊広氏も同調するが、その意味については「豊作を願う農耕儀礼」と考えている。菜畑遺跡の事例を検討した渡辺誠氏も「農耕祭祀に祀られたもの」と推測している。

これらの骨が家畜化された豚であるとすれば、しかも日本に生息していた猪を家畜化したものではないとすれば、やはり稲作文化にともなって渡来した大陸の祭祀であることには間違いないであろう。辟邪説、農耕儀礼説のどちらにしても、やはり新しく列島にもたらされた農耕社会での祈りにかかわったものであり、基本的には縄文時代の祭りとは異なったものである。しかし、農耕儀礼説については、大変わかりやすい辟邪説あるいは魔除け説とは違って、具体的にはどのような祭祀であったのだろうか。下顎骨がどのような経過をたどりながら祭りに使われたのかを考える必要がある。

春成氏は、菜畑遺跡を始めとした日本における下顎出土例について、辟邪という目的のもと、次のような二つの過程を想定した（春成一九九三）。

（一）豚の屠殺→下顎縣架→下顎廃棄
（二）豚の屠殺→下顎縣架→下顎副葬

（一）の順序は、菜畑遺跡や唐古鍵遺跡のような棒に連結された状態で出土した事例に当てはまるものであり、村のどこかに掛けてあったものが、何らかの理由で別の場所に投棄されたというのである。

（二）については、長崎県の五島列島にある浜郷遺跡の事例であり、ここからは六基の墓から穿孔ある下顎が合計二十四個も出土している。これは豚の下顎とされ、石棺近くや被葬者の上に散布してあったことから副葬品と考えられている。これらについても、もともと集落内に掛けられていたものが、墓に埋められたという解釈である。

以上のような事例から春成氏は、魔除けとして家の入り口とか村の特定の場所に棒で連結して掛けられていた下顎骨が、その役割を終えた後に廃棄されたり墓に入れられたりしたと考えたのである。

ここでいくつかの疑問点に気付く。

①屠殺されるのは通常に食べる豚であったのか。祭祀用として選ばれた個体ということはなかったのだろうか

②屠殺から下顎懸架に至るその間には、なんらかの祭祀行為はなかったのだろうか

③懸架の役割を終わった後は、全てが廃棄ないし副葬されるのか

といった疑問である。

先にもみた海南島や雲南省などアジアの民俗例からすると、日頃食べる豚の事例があるものの、人が死んだ時の儀式に伴って豚が殺されることもあったらしい。従ってどのような目的であっても屠殺し、食べた後の骨を木や壁に掛けたりすることは、豚の下顎骨そのものが魔除けとか辟邪の意味をもっていたことになる。特に人の死にかかわって屠殺されるケースでは、屠殺しそれを食べることからすでに祭祀や儀式にかかわっていたことにもなろう。一方では富の象徴、豊かさの誇示という意味で、下顎骨を集めている民俗例も紹介されており、この場合は豚そのものの所有に意味があったことになる。

このような民俗例をそのまま菜畑遺跡や南方遺跡などの弥生時代の猪類懸架例にあてはめてよいかどうかはわからない。特に②にあげた屠殺から懸架までの間での祭祀行為の有無、③にあげた懸架以降の廃棄、副葬以外の使われ方などについては注意する必要があろう。

第一部でみた縄文時代の猪の例では、頭の骨や下顎骨の埋設とか埋納にはなんらかの祭祀行為を認めることができた。さらには頭を欠く全身の埋葬、頭や下顎の集積といった出土状態からは、単なる食料といった意味だけではなく、なにかしらの祭祀の存在――祈りの世界での出来事が考えられ、さらには「いけにえ」というようなところまでも考えてみた。

村の人達が食べた後、残りの下顎を魔除けのために家や村の入り口に下げたというだけなら、また富の象徴のために貴重な豚の骨を揃えたということならば、①～③のような疑問は無意味である。しかし菜畑遺跡や南方遺跡などは河や湿地に面した場所からの出土例であり、特に南方例では「棒であればそっと抜いた」ような状況で、しかも鹿の頭骨が猪類の並ぶほぼ中央に置かれているという出土の仕方には、なにかしら特別な意味がありそうではないか。懸架する意味がなくなった骨類を単に廃棄したとみるには、あまりにも条件が整いすぎているような感じがする。懸架の状態で用いられていたことは確かであろうが、最終的にはやはり祭祀行為とか儀礼とかが行なわれた可能性は高いと思われる。このような豚や猪類の下顎が用いられる習慣は、これまでも言われているように弥生時代になり水田耕作とともに日本にもたらされたものであろう。とすれば本来は辟邪とか富の象徴という意味があったとしても、日本に入ってきた時には農耕儀礼にかかわる祭祀という面が強まっていた可能性はあろう。さらに水田際の湿地とか川辺というような出土場所のことを考えると、後の時代に顕著になる雨乞いやケガレを流すなどの「水辺の祭祀」につながっていくことも有り得る。ここには、縄文の猪の祭りとは異なった弥生の祭りの一端が表われている。

二　銅鐸の猪

（一）銅鐸絵画

弥生時代を代表する出土品に、銅鐸がある。この銅鐸に、数はそれほど多くはないものの猪が登場する。特に、国宝の伝香川県出土銅鐸に鋳造された有名な十二のシーンの一こま。そこには五匹の犬に囲まれた一頭の猪と、その猪を射止めんがためにまさに矢を放った瞬間の射手が描き出されている（第24図）。このシーンは、これまでも弥生時代における狩猟の場面と解釈されてきた。確かにそれは正しいだろう。

しかしそこには、猟師が犬を使い猪を射止めるといった表現以上の、さらに深い意味が隠されているようにも思われる。

第24図　伝香川銅鐸の猪（若林1891より）

伝香川県出土銅鐸にある狩猟シーンを読み説く前に、さまざまな動物や場面が描かれている「絵画銅鐸」についてふれておこう。銅鐸の研究史は古いが、近年では佐原真氏や春成秀爾氏らによって集大成されており、その時点にて発見された全銅鐸約四百五十個のうち絵画銅鐸は五十四個を数えるという（春成一九九二）。そこには、鳥、魚、蛙、イモリ、トンボ、蛇、クモあるいはミズスマシなどさまざまな生き物が登場する。そのような動物の中に人や犬、そして鹿と猪といった哺乳動物が加わっている。鹿と猪の数については、鹿が約百三十五頭であるのに対して猪は二十七頭とまとめられており、数の上では鹿が圧倒的に多い。これは、弥生人にとっての鹿と猪とに対する考え方の違い、つまり弥生社会における両者の役割の違いに基づくものと考えられる。その猪に対する考え方がはっきりと表われているのが、国宝伝香川県出土銅鐸の狩猟シーンなのである。第24図に示したこの場面からは次のことが理解できる。

一　弥生時代にも猪が生息していた
二　猪は狩られる対象となっていた
三　猪を狩るためには弓矢と犬とが用いられていた
四　行く手をさえぎるかのように猪を取り囲む犬の状況からは、猟のために訓練された犬がいたことになる
五　飼育されている犬は複数である

つまり、猪を狩るために訓練された猟犬と猟師とがこの時代にも存在していたのである。では、猟師と猟犬とは、何のために猪を打ち取ろうとしたのであろうか。食料としての猪狩りなのか、耕作地を荒す猪の退治なのか、あるいは行事とか儀式としての狩りなのか。

現代においても猪は田畑の作物を荒す害獣であり、駆除される動物の一つである。開墾が進み水田や畑地が広がっていく弥生時代にあって、猪は作物を荒す有害な獣として、排除されねばならなかったことは充分に考えられる。銅鐸の役割について佐原真氏は、水稲耕作文化によって朝鮮半島南部から渡来した非畜産民のベルであり、それらが鳴らされたのは農作祈願の場、収穫祭の場であったと考えた（佐原一九八七）。銅鐸とは儀式に用いる、あるいは願いを込めた祭りにて鳴らされた祭器であると考えられている。このような祭器に描かれたシーンは、やはり祈りの世界につうずる場面なのであろう。縄文土器に造形された女神や蛇や猪、それについて縄文の神話が描かれた可能性を考えてきたところであるが、弥生の銅鐸の動物達が語ろうとするその意味は果たして何なのか。

もとより伝香川県出土銅鐸の絵画について「不安定な狩猟の生活から抜け出して、平和な稲作に専念しはじめた農民の喜び」「農耕生活の幸福をたたえようとする（中略）物語り的な内容をあらわした、叙事詩に代わるもの」というような農耕賛歌としての観点を主張されたのは小林行雄氏であった（小林一九六〇）。小林氏が農耕賛歌説を唱えた十

（A面）　　（B面）

第25図　伝香川銅鐸の12の情景（若林1891より）

二のシーンとは、片面六区画ずつに描かれている意味ありげな動物達の組み合わせ表現なのだ。まず片方、これを仮にA面としよう（第25図）。どのような順序でストーリーが進むのかは不明だが、左上から下に向かい「トンボ」「スッポン」「トカゲとスッポン」、右上からは「カマキリとクモ」「サギかツル」「イノシシを追う狩人とイヌ」が描かれ、その反対側のB面では、同じく左上から下に向かって「トカゲ」「糸巻きを持つ人」「米つき」、右上からは「トンボ」「シカを射る人」「倉庫」というように、小林行雄氏は解釈した。これらの動物は「他の生き物を捕えて食う習性の動物」であることから、このような「不安定な狩猟生活」から、「平和な稲作」そして「農民の喜び」へと移行する農村賛歌というのが小林氏の着眼であった。猪や鹿が登場するシーンは不安定な狩猟生活の表現であったことになる。小林氏以前にもこの銅鐸物語りについては、弥生時代の生活・環境の風物誌、収穫の秋の様子、四季をあらわした年中行事などさまざまな解釈がなされてきた。猪や鹿を害獣ととらえる考え方もあった。これらの考え方を整理する中で佐原真氏は、小林行雄氏の農耕賛歌に同調しながらもさらに広く農耕祈願や収穫の祭りと結び付けた。

このような解釈の中で、やはり佐原氏が考えた収穫の祭りに代表されるような「農耕祈願」が説得力があるように思える。しかもこの銅鐸の一場面には祈りを行なう者も描かれていたのである。小林氏が「糸巻きを持つ人」とした場面、これについては鋤とか釣竿を持つ人といった意見もこれまでに出されていたが、手に持つ「I」字形の棒を祭具とし、ここにシャーマンの姿を見出した寺沢薫氏の見解は重要である（寺沢一九九四）。やはり祈りの世界にかかわる姿が描き出されていたことになるからである。

（二）描かれた猪と鹿の意味

「農耕祈願」にかかわる銅鐸の中で、猪の狩猟場面にはどのような意味があるのだろうか。これについては、数多く描き出されている鹿と比較して考えることにより、その意味が導き出されると思う。先にもふれたように春成氏は絵画銅鐸約五十四個に描かれた鹿は約百三十五頭とし、二十七頭の猪を断然引き離している。群れている鹿、猪と向き合う鹿、角のない鹿、角のある鹿などさまざまな描かれ方をされているが、特に注意したいのは次のようなシーンである。弓矢で狙われている（伝香川銅鐸）、矢が刺さっている（辰馬資料館418号銅鐸）、人の手で角が掴まれている（桜ヶ丘5号銅鐸）、同じく鼻先あたりが掴まれている（桜ヶ丘4号銅鐸）などである。背中に矢が刺さった鹿が、耳ないし頭のあたりを掴まれているような新庄銅鐸の例もみられる。

これらのことから、鹿も猪と同じように弓矢で射られる対象であったことは間違いない。しかし最後には、人に捕えられることに意味があったように思われる。

田を荒した鹿が人に捕えられたり、鹿が稲の生育に役立つといった物語りが、『風土記』の記事にいくつかみられることは、これまでにも佐原氏や春成氏らが注目している。まず「豊後国風土記」速見郡頚峰《くびのみね》の項には、田の苗を荒した鹿を捕え殺そうとしたが、鹿の願いを受け入れて許したことにより、その後苗は鹿に食われることなくみのりを得る、という内容のストーリーが綴られている（秋本一九五八）。また「播磨国風土記」讃容郡《さよのこほり》の項では、「生ける鹿を捕り臥せて、其の腹を割きて、其の血に稲種きき、仍りて、一夜の間に、苗生ひき」とある（秋本一九五八）。鹿の血には稲を育てる呪力があったとみられているのである。

現在においても鹿や猪は、田や畑を荒す害獣として追い払われたり駆除されたりしているが、特に稲作が盛んになっていった弥生時代以降もこれらの害には激しいものがあったであろう。そのような害獣の一つ、鹿を捕えそして田を荒さぬ約束を取り付けるといったところに、古代農耕社会におけるリーダーの力が示された物語りがあったようにも思われる。しかも鹿の血には苗を育てるという能力が付け加えられているのである。

このような事例を引用し、「降伏した鹿に田をおそわぬことへの誓い」という場面が、銅鐸絵画に表現されていると見なした佐原真氏の見解は見事である（佐原一九七三）。田畑を荒す鹿、しかしこの動物は人に捕えられ、そしてその言に従うという従順さを持つ。人に服従を余儀なくされた後、鹿はむしろ豊穣を約束する農耕の新たなる神として出発する。そんな感じが受け取れるではないか。

これに対して猪はどうか。子供の猪ならいざ知らず、猪成獣については鹿のように手で押さえつけるなどということは至難のわざである。その獰猛さは全く鹿の比ではないだろう。田畑を荒す猪、それを防ぐためにはやはり弓矢を用いて退治するしかない。しかし狩人だけでは心もとない。そこに登場するのが犬である。しかも複数の犬が必要となる。伝香川県出土銅鐸に描かれているのは、「猪とそれを取り巻く五頭の犬」、そして「背後から矢を放つ狩人」といったシーンである。複数の犬が猪の動きを止め、狩人が仕留めることは、まさに現在でも行なわれている大形動物の狩りの方法でもある。このようにして駆逐される対象となった猪と鹿との違い、それが銅鐸に描き出されたものと考えられる。弥生の農耕社会を乱す猪と鹿ではあるが、豊かなみのり実現のため猪は駆逐され、鹿は神格化されるといった意味合いでもある。しかし農耕祭祀に用いられる祭器としての銅鐸に猪が登場するということならば、それだけではないさらに深い意味があったのではないか。弥生時代以前、猪は神であった。第一部でみたように、前期後半に土器装飾として現われそして中期には蛇とともに豊穣を願う物語りにかかわる主役の一つであった。以来、後期以降は猪をかたどった土製品や猪そのものが用いられた祭祀も多く認められ、中には幼獣が必要とされた儀式の存在も推測できた。縄文時代をとおして猪は祭祀に必要な動物であった。猪はまさに縄文の神の位置を守ってきたのである。このような縄文人が抱いていた猪観については、弥生文化が浸透していく時代の人々も当然承知していたことであろう。やがて時は弥生へと確立していくが、人々の意識の底には縄文の神であった猪という感覚は生き続けていたのではなかろうか。加えて雄猪の強さ、雌猪の多産。これはやはり縄文の伝統の力でもあったろう。新しい時代にもはや前時代の神はいらない。日常の食生活ばかりでなく祭祀に必要な獣肉は、新たに大陸からもたらされた豚がその役割を果たすことになる。古い時代の神である猪は、征伐していかねばならない。田畑を守るにも、農耕社会の規律を確立するためにも。

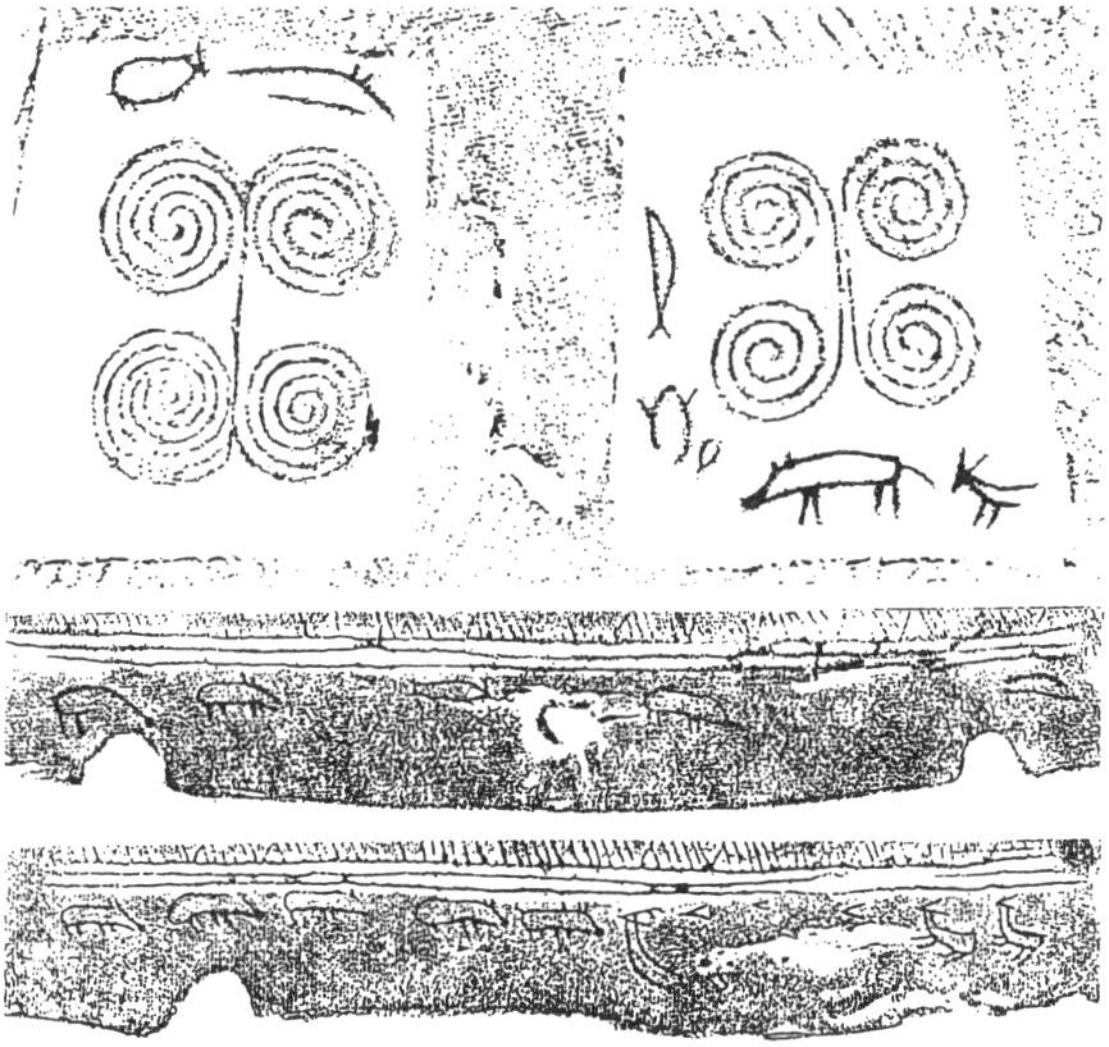

第26図　猪と鹿（磯山銅鐸）（春成、佐原1997より）

銅鐸が農耕社会の祈りの祭器とするならば、弥生のムラを維持していく祭りにて異文化の神はやはり征伐していく必要があったと思われる。その制圧のために、狩人と犬とがどうしても必要であったのではないか。銅鐸に描かれた猪狩りのシーン。その背景に、このような意味を考えてみたい。さらにこの場面の背景には、猪制圧を命じる強い力が存在したのではないか。それは銅鐸の祭りを指揮する者の力でもある。次の古墳時代になると、この強い力を持つ者の存在がさらに明瞭に浮かび上がってくる。これについては次章でふれることとしたい。

縄文時代ではその造形が極めて少ない鹿、それが弥生時代では銅鐸の絵画にもみるように、猪造形をはるかに凌駕するようになる。鹿の列が描かれるものもあり、特に三重県磯山銅鐸では猪の列と鹿の列とが向かい合う（第26図）。先頭の鹿は角も立派な大鹿であり、猪の先頭も逞しい。いわば古い神と新しい神との対立でもある。銅鐸に描かれた鹿と猪、そこには弥生時代の人々が考えていたそれぞれの動物観が見事に表現されていたのである。

突如として埋納されてしまう銅鐸。弥生の社会における銅鐸の役割とその消滅の背景を解き明かすことは大変難しい問題でもある。ここでは、類例は多くはないものの、描かれた猪をとおして弥生の人々が抱いていた猪観について考えをめぐらしてみた。

なお縄文の神から弥生の神への移行を考える上では、土偶の問題がある。豊穣を約束する女神である土偶が縄文晩期から弥生に向かう時、そこには中空土偶から容器形土偶への変化が起こってくる。弥生の容器形土偶の起源は、あきらかに縄文の中空土偶に求めることができる（新津一九八六）。しかし容器形土偶は縄文土偶の意味から脱し、幼くして死んだ新生児の焼骨を納める蔵骨器としての役割に転換していく。かつて土偶に祈った豊穣への願いは、さらに命の復活への祈りへ変化していったのである。弥生の人々は縄文土偶の意味を知りながらも、新たなる神を造出していったのであろう。縄文の祈りを全身に背負っていた猪についても、同様に弥生の神にはなりえなかったのである。

第二章　埴輪の猪――王の狩り――

一　狩猟埴輪の構成とその意味

群馬県高崎市の北部、榛名山を望む旧群馬町の地に、現在も整備が進められている「かみつけの里」という史跡公園がある。この史跡には大きな古墳がいくつかあるが、その中心をなすのが保渡田《ほとだ》八幡塚《はちまんづか》古墳という、長さ九十六メートル、それを取り巻く周溝を含めると百八十八メートルにも達する大きな前方後円墳である。五世紀末頃の古墳であるがすでに復元整備がなされており、平地の中のひときわ高くそびえる古墳に近づくと、その裾あたりに並んでいる一段と目を引く「埴輪群」に気づく。いかめしい武人が馬を引き連れ、一方では鶏や水鳥の行列が進み、中央ではなにやら厳かな儀式が執り行なわれているらしい。鹿や猪もいるようだ。人物や動物達の群れ並ぶ奇想な、しかし楽しげな雰囲気も漂う不思議な光景。

でもこの埴輪群こそが、この八幡塚古墳を物語る最も重要な特性の一つなのだ。この古墳には六千本という円筒埴輪や百体を越える人物・動物埴輪が設置されていたと推測されている。この中でも最も注目されるのが、墳丘の外側に巡っている土手の一区画内に並べられた、人物や動物をかたどった「埴輪群」である（写真33）。これらの埴輪群には、人物や動物のさまざまな組み合わせがあり、それぞれに重要なストーリーがあったらしく、その意味をつかむためこれまでにも多くの研究が進められてきた。特に埴輪群の中心をなすのは、冠を被った高貴な男性とそれを取り巻く椅子にすわった複数の人物群であり、なにかしらの儀式を執り行なっているかのような場面でもある。水野正好氏はこれらを「死せる族長の霊を、新たな族長が墳墓の地で引き継ぐ祭式」とみて、王位継承儀礼説を唱えた（水野一

写真33　群馬県高崎市保渡田八幡塚古墳の埴輪群（著者撮影）

九七一）。この考え方は後の埴輪論に対して大きな影響を与えることとなったが、他にも死者の生前の様子を表わしたもの、死を確認するもがりの儀式、神を祭る儀式などが主張されてきている。整備のための調査に携わった若狭徹氏は、これらの研究史を整理するとともに埴輪群を詳しく観察し、新たな考え方を示した（若狭二〇〇〇）。それは王位継承というような一つの場面ではなく、複数のシーンから構成されるさまざまな場面の合体したものが、このような埴輪群に表わされたというのである。その複数のシーンとは、「有力者層に関わる権威的な儀礼」「権威的な行事・アソビ」「占有する財物の配列」などである。やや難しい表現だが、具体的には酒食を伴う神聖なセレモニーの場面や、太刀を持った儀礼場面などは「権威的な儀礼」、水鳥列、鵜飼、狩猟シーンなどは「権威的な行事」、盛装男子や馬それに器財の集合場面は「財物の配置」と考えたのである。

このような、人物や動物さらには器財などから構成される埴輪群の意味については、さらに多くの事例からの研究が必要かと思われるが、今回私がこのような埴輪群に注目した理由は、ここに猪の埴輪が登場するからである。若狭氏が「権威的な行事」の一つとして考えた、「狩猟シーン」がこれである。保渡田八幡塚古墳にて復元された狩猟シーンとは、猪とその前方に対峙する犬、そして後方から矢を射かける猟師の三体から構成されているものである（写真34）。猪の腰あたりには矢が刺さりしかも出血の表現までもがあり、猪が仕留

写真34　狩猟シーン埴輪
（群馬県高崎市保渡田八幡塚古墳・著者撮影）

められる場面であることがよくわかる。このような犬と猟師に追われる場面は、以前どこかでみたような気がする。そう、前章でみた弥生銅鐸に描かれたシーンとよく似ているではないか。伝香川県出土銅鐸では、一匹の大きな猪を五匹の犬が取り囲み、そして背後から猟師が弓矢を放つ、そんな情景であった。基本的な構成は全く同じといってよい。四、五百年の時を越えた古墳時代にも同様なモチーフが語られるのは偶然なのであろうか、あるいはそれらの根底にはなにか共通した考え方があるのだろうか。この問題にふれるまえに、埴輪群の中に猪が取り込まれる事例は少なくないことから、このあたりのことについて整理していこう。

まず保渡田八幡塚古墳での狩猟シーンが復元されるに際して、最も参考となったと言われるのが隣接する保渡田Ⅶ遺跡から出土した埴輪群である。狩人はこの埴輪群の中心グループから出土し、犬と猪とはそれに隣接する位置から出土していることから、この三種類の埴輪がセットになるものと考えられている（第27図）。狩人については、弓を欠損するものの両手の状況からは弓を引く容姿に間違いないだろう（第27図１）。背中には小型の猪を背負っている。犬は破片も含め三頭が発見されている。猪の背中には刺さった矢と赤彩による出血の表現があり、発掘調査報告書では「手負いの猪」と呼ばれた（第27図３）。これらの埴輪群からみて、

1.狩人　2.犬　3.猪

第27図　群馬県保渡田Ⅶ遺跡の埴輪（狩人・犬・猪）（若狭1990に一部加筆）

三頭の犬に取り囲まれて行く手を阻まれた猪が、追ってきた狩人により背後から射止められるという場面が推測できる。

先に紹介した保渡田八幡塚古墳の埴輪群は、昭和四年に発掘された当時にはすでにそれぞれの身体の上半分が失われており、元々の位置に立ってはいたものの、どのような種類の埴輪なのか、どんな姿だったのかを特定することは難しかったようである。しかし猪の鼻先や牙、狩人が背負っていた小型猪などが出土しているとともに（第28図1）、狩人埴輪近くには犬および猪と推定される獣の足があった。その結果、保渡田Ⅶ遺跡での状況が参考になって、現在みるような埴輪群の復元が行なわれたのである。狩人が背負っている小型猪の出土については群馬県下にはいくつか類例が知られており、同様な場面がこの地域にて表現されていたことが考えられる。時期は五世紀後半から六世紀にかけてのことである。

狩猟場面を表現するとなれば、保渡田八幡塚古墳で復元されたように、狩人・犬・猪がセットになることが本来の姿であろう。特に猪を狩りするとなれば、犬は絶対に必要であったと思われる。それも複数の犬による追い込み、その上での狩人の登場、そして弓矢による仕留めといったシナリオが存在したことが考えられる。問題はこのシナリオが何のために用意されたのかであるが、これについては後ほどふれることにしたい。

このような狩人・犬・猪が揃うことが狩猟シーンの基本ではあるが、実際に各地の古墳から出土する事例では、狩人を伴った典型例はあまり多くはなく、むしろ犬と猪という組み合わせが目立っている。これらを含めて全国の事例を追ってみよう。まず

1．小型猪（若狭2000より）

2．御蓙目浅間神社古墳の猪
（市原市文化財センター1987より）

3．昼神車塚古墳の猪と犬（富成1978より）

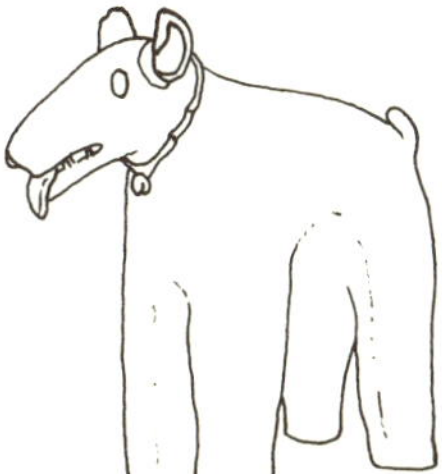

4．剛志天神山古墳の犬（写真より作図）

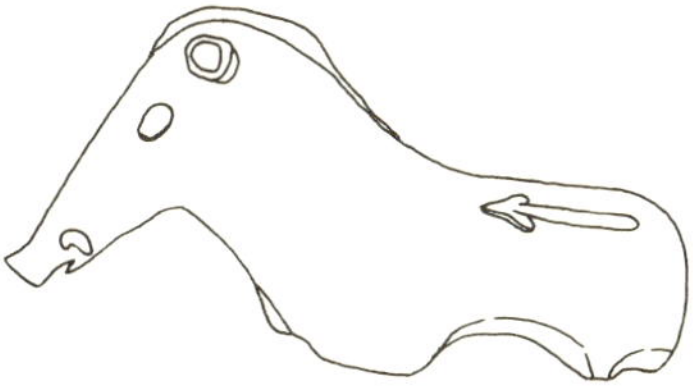

5．我孫子出土猪（写真より作図）

第28図　埴輪の猪・犬（1．約1/8、2～5．約1/16）

群馬県では、剛志天神山古墳の例がある。六世紀前半から中頃とされるこの古墳では前方部の前面に人物埴輪や馬、鶏、猪、犬などの動物埴輪が発見されている。これらの埴輪群の配列については橋本博文氏が復元しており（橋本一九九三）、特に猪は二匹の犬に挟まれた状態とのことである。犬のうちの一匹は、東京国立博物館に所蔵されている首輪を付け舌を垂らした埴輪犬として、よく知られている（第28図4）。

大阪府の昼神車塚《ひるがみくるまづか》古墳では、さらに複数の猪と犬との埴輪列が発見された。発掘調査により、六世紀前半の前方後円墳前方部テラスの二列に並んだ埴輪列のうちの内側列に、犬―猪―犬―猪―動物―動物―動物―動物―？という配列が確認されている。動物の種類が分からないものは、足ないし身体の下半分しか残っていなかったためである。このような配列からみると、犬と猪の複数のセットあるいは鹿などの他の動物も組み合わさった可能性もある。列の最初にある犬二頭と猪一頭については、一番目の犬は猪の尻に向かい、二番目の犬が猪と向き合っていることから、二匹の犬が一頭の猪の前・後を挟んだ状況というようにとらえられている。犬は「首輪をつけ歯をむき出し」、猪は「背中の体毛を逆立てている」（千賀一九九一）という表現であり（第28図3）、まさに狩人が来るまでの犬と猪の対決シーンとみてよいだろう。犬の尻尾は尻に付くように上向きに付けられていることから、猪を怖がっている様子は微塵もない。橋本博文氏は、この昼神車塚古墳や先の群馬県剛志天神山古墳の犬を「猪を追い込んだ巻き狩りの猟犬」と呼んだ。昼神車塚古墳の現地には、現在これらの埴輪群が復元されている。

同じ時期の奈良県荒蒔《あらまき》古墳では、前方後円墳のくびれ部から後円部にかけて楽器を肩にのせる男子や巫女などの人物埴輪と、飾り馬、鶏、犬、猪などの動物埴輪が出土している。特に犬と猪は後円部の裾に一体ずつのセットで出土している。犬は鈴付きの首輪をし、猪には欠けてはいるもののタテガミの表現があるとともに、顔やからだの表面が赤く塗られていて興奮した様子がうかがわれる。

東北地方でも福島県天王壇古墳からは、鳥や小型馬とともに猪二頭と犬一頭とが出土している。親子の猪とそれに向き合う犬と解釈されるとともに、巫女埴輪も出土していることから、五世紀後半には東北地方にまで人物埴輪や狩猟埴輪が波及したことがわかる資料として評価されている。尻尾を巻き上げるとともに強く踏ん張った足が表現されている犬の造形からは攻撃的な様子がうかがわれ、やはり猪を追い詰める状況を表わしたものとみてよいだろう。千葉県殿塚古墳からは三頭以上の猪と犬二頭があるが、犬は口をあけ吠えているような様子である。この古墳は牛の埴輪が出土したことでも有名である。また千葉県龍角寺古墳群第101号古墳、同県殿塚古墳、埼玉県新屋敷遺跡第15号墳、奈良県四条古墳などでも類例がある。これらの事例では具体的な組み合わせはよくわからないが、龍角寺古墳では水鳥や鹿、四条古墳でも鶏や鹿などの動物埴輪が伴っている。

その他、猪だけとか犬のみという事例も多い。特に磐井一族にかかわる石人山・岩戸山古墳を含む福岡県立山古墳群では、猪埴輪が岩戸山古墳と立山山8号墳から、犬埴輪が石人山古墳から出土している。同じ九州地方では佐賀県岡寺古墳に事例がある。また山陰地方でも鳥取県岩屋古墳にて、大正年間の調査ではあるが猪とみられる埴輪が報告されている。藤井寺市青山4号墳、市原市御蓙目《ござめ》浅間神社古墳、埼玉古墳群の稲荷山古墳、埼玉県小沼耕地1号墳などからは猪埴輪がみられる。御蓙目浅間神社古墳からは二頭の猪とともに鹿一、鶏二が出土しているものの犬はみられない。猪は口を開けるとともにタテガミが際だっており著しく攻撃的な表現である（第28図2）。

以上のように猪がかかわる埴輪は、近畿・関東に多いものの九州や山陰それに東北南部までみることができ、多い少ないは別としても全国的に波及していたことがわかる。これらの時代については、近畿地方では大阪府野中宮山古墳を最古例として「五世紀前葉まで遡りうる」とされる（若松一九九七）が、全国的には五世紀後半から六世紀後半に盛行するとみてよい。ただし地域的には差があり、近畿では奈良県四条古墳から昼神車塚古墳や梶2号墳など、五世紀後半から六世紀前半まで顕著な事例が知られるものの、その後はなくなってくる。これに反して関東や山陰・九州では六世紀中頃あるいは後半まで出土例をみることができる。特に関東では人物埴輪の盛行とともに、猪を始めとした動物埴輪も六世紀後半まで続くというのがこれまでの研究史から理解できる。

なお、このような猪や犬、あるいは狩人が伴う埴輪が「狩猟」を物語るものであるという考え方は、すでに早い時代からなされていた。昭和六年一月、明治大学教授後藤守一氏は矢の刺さった表現がある我孫子付近出土の猪埴輪（第28図5）から射手の存在をも想定し、「狩猟の光景」という状況を考えた（後藤一九三一）。同じ年の十一月、この我孫子出土例に加え猪に関する埴輪五例を紹介した群馬県の研究者相川龍雄氏は、同県赤堀村から発見された男子埴輪について「猪を箭にて射止めた狩猟者」と表現した（相川一九三一）。この男子の埴輪の腰には、四足を縛られ仰向けになった長さ十四～十五センチの小型猪が付けられていたからである。小型猪を腰に付けた埴輪については、その後保渡田Ⅶ遺跡にても発見され、猟師埴輪ということが確かになった。現在までに各地の古墳にて動物埴輪が出土しているが、すでに紹介したように剛志天神山古墳や昼神車塚古墳の猪と犬の埴輪から「猪を追い込んだ巻き狩りの猟犬」と表現した橋本博文氏の見解や、昼神車塚古墳や奈良県四条古墳、荒蒔古墳などにみられる犬と猪との配置について、猟犬を使った「猪狩」の様子の再現とした千賀久氏の所見などもみられた。そして後からもふれるが石野博信氏は、昼神車塚古墳の埴輪を牙をむく犬と毛を逆立てる猪の対決とし、「王の狩」と呼び狩猟埴輪群の意味付けを行なったのである（石野一九九二）。

以上、狩猟にかかわる表現として、特に猪埴輪の出土事例をみてきた。再度、狩猟を意識した表現であることの確認をしてみると、やはり典型は狩人・犬・猪という構成にあったものと考えたい。典型例は保渡田Ⅶ遺跡の埴輪であり、それをもとに復元が行なわれた保渡田八幡塚古墳の事例である。犬、猪、鹿などの動物とともに弓の破片が出土した大阪府梶2号墳もこれに加えてよいだろう。このような典型例以外でも昼神車塚古墳のような配置状況や個々の埴輪の細部での表現から、犬と猪との対決が認められる事例も多い。特にタテガミの造形は、狩人や犬が伴わなくても、追い込まれて闘争的になった猪の表現というように考えてみたい。実際に矢が射こまれ傷ついた状況も、保渡田Ⅶ遺跡では矢尻の表現と赤彩による出血表現により表わされ、我孫子出土といわれる事例では、「背後から胴に矢を射こまれた、手負いイノシシの埴輪」（近藤一九六〇）と言われるような鉄鏃表現がなされている。このようにして打ち獲られてしまう猪であることから、赤く興奮したり（荒蒔古墳）、タテガミを高く逆立たせたり（御薗目浅間神社古墳、昼神車塚古墳など）することにより、闘いながらも追い詰められていく様子が表わされたものと考えられる。

では、追い詰めていく犬の表現はどうなのであろうか。龍角寺101号墳例のような直尾もみられるものの、各事例とも巻き尾が多く、恐怖を抱いた際の下げ尾は全くみられない。堂々とした姿態であり、特に昼神車塚例では歯をむきだして怒っている様子であり、天王壇古墳例では脚を踏ん張った攻撃的な表現がなされている。そこに、獰猛な猪を追い詰める犬の役割をみることができる。さらに注目すべきは、首輪を付けた犬の埴輪がみられることである。首輪には鈴を付けたものもある。このような事例は多くはないが、猪を追う犬の性格を表わしたものとして大変重要な表現といえる。首輪については飼いならされた猟犬という見方もなされているが、特に注目したいのは鈴が付けられるという点である。縄文時代中期には土で作られた鈴——土鈴がある。山梨県北杜市須玉町飯米《はんまい》遺跡からは、マメ科の野生種の炭化種子が鳴子として入っていた土鈴が発見されている。小野正文氏は実ったマメが鞘の中でカラカラ鳴る音を、そのような土鈴の起源と考えている（小野一九九五）。土鈴が単なる音を出す道具ではなく、豊穣を祈るなどの祭に用いられた祭祀用具であった可能性はつよい。時代は違うものの、首輪に付けられた鈴も、飼い主に便利な音を発するだけのものではないはずである。このことについて佐原真氏が銅鐸の起源に関して「ベル」の意味を整理し、「中国では、殷周以来、各種のベルが神との結びつきで発達した」「鈴は、殷代以来、ウマなどの家畜の頸につけられた」「ベルをつけることによって、家畜によい子が生まれその数がいや増すように神が守りたもうた」などなど、興味ある事例を述べられている（佐原一九八七）。銅鐸の起源となった鈴と犬の首輪に付けられた鈴とは構造の異なったものであるが、青銅製品の音という点では共通しよう。すなわち神を呼び、神が守りたもうという点では同じ意味があったものと考えたい。埴輪に表現された鈴としては女子が腰に下げた鈴鏡や、馬具の胸繋い・杏葉などに付随した鈴がある。書上元博氏は群馬県塚廻り3号墳はじめ鈴鏡をさげた女子埴輪を集成し、巫女が携帯した鏡自体の機能である「権威の象徴或いは呪術的効果を期待した祭具」とのかかわりを指摘している（書上一九九八）。また観音山古墳のあぐらをかいた男子埴輪には鈴のある大帯が装着されており、石室内からは鈴の付いた金銅製大帯そのものが出土している。馬具では鈴を伴った金銅製品の出土も多い。こうしてみると「鈴」自体が権威の象徴ともなっているようであり、その起源にはやはり神を呼ぶ、あるいは神に守られるといった意味合いがあったのではないか。鈴のある首輪をした犬、それは神の力につながる存在とみたい。そのような犬に、猪が追い詰められていくのである。

以上、猟師、犬、猪から構成されるセットだけでなく、犬と対になる猪、あるいは単独の猪といった埴輪について、その実例をいくつかみてきた。やはりそこには、猪を対象とした狩猟にかかわるなんらかの物語りがあったように思われる。このような物語り性を帯びた埴輪の組み合わせが、古墳という王者の墓に配置された意味は何だったのか。特に保渡田八幡塚古墳や保渡田Ⅶ遺跡にみられた狩人・犬・猪から構成される典型例、それも複数の犬による追い込み、その上での狩人の登場、そして弓矢による仕留めといったシナリオが何のために用意されたのか。先にもふれたように、銅鐸の絵画にも共通するシーン、それは一体何なのか。この問題を考えることとする。

まず猪、犬、そして猟師から構成される狩猟場面について、王とのかかわりからこれまでの研究者の見解を追ってみよう。古代史の立場から森田喜久男氏は、『古事記』『日本書紀』における天皇の狩猟伝承を、「鳥獣の贄や初尾としての獲物をとるために、山野を疾駆した大王達の狩猟の反映」とした（森田一九八八）。つまり狩猟は、王にとってその権力や権威を示すために必要な行為あるいは行事であり、儀式に供える鳥獣を狩りすることに目的があったという。このような考え方に立った場合、埴輪として表現される鳥獣もまた、「贄」や「初尾」といったお供えものという意味につうずることになる。狩猟シーンは、そのための行為を表現したものということであろう。

実際、鳥獣埴輪について供え物という観点から考えている考古学者も多い。「埴輪像群の中心主題は喪屋に納められた亡き主人のために巫女が酒食を供献し殯することと」というモガリ説を主張する若松良一氏は、「猪、鹿、牛は死者のために捧げられた犠牲獣を表現したもの」ととらえた（若松一九九七）。すなわち埴輪の狩猟シーンとは、死者に供えるための猪や鹿を捕獲するという供犠状況の表現ということになる。

狩猟場面に限らず動物全体として贄・供物を表わすといった見方は、車崎正彦氏も提唱している（車崎一九九九）。

「贄」については、すでに橋本博文氏が折口信夫「魂の仮寓いする獣の狩猟」説を引く中で、首長の霊を再生する儀式にて用いる――祭儀用の生贄という点から主張している（橋本一九九三）。

以上のように、猪を含めた動物埴輪とは、「死者への供えもの」とか「古墳に埋葬された権力者への捧げもの」ということになるが、さらに「犠牲獣」とか「贄」と言った時には、「願い事をかなえてもらうために神などに捧げる」という意味合いが強くなる。第一部の縄文時代の項でも、「豊穣を願うために子供の猪を犠牲として神に捧げ、祈る」といった一説を紹介した。埴輪の猪もこのような、願いを達成するための代償としての供え物であったのだろうか。

次に、動物埴輪が必要とされる儀式とはどのようなものであったのか、このことについて考えてみよう。当然そこには王としての権威・権力の誇示という意味もあったであろう。大阪府昼神車塚古墳の「牙をむく犬と背の毛を逆立てる猪の対決」シーンを石野博信氏は、「王の狩」と呼んだ（石野一九九二）。石野氏は、各地にみられるこのような組み合わせを王または王の狩りを司る階級の狩猟埴輪群ととらえ、その意味を「再生のための狩猟儀礼」とした。その考えの基には、高句麗古墳の壁画の狩猟図を例に「殺害される動物の魂が死者に移転するのを願った」と考えた井本英一氏の見解を取り込んでいる。井本氏は、西アジアや中国、朝鮮さらには日本の古典の事例などを検討することにより、王の狩猟の意味について、季節の変わり目に行なう行事であるとともにその獲物を祖先の霊に捧げ祭ったこと、トーテム獣の肉を食べることにより生命の更新を行なったこと、などを考えた（井本一九九〇）。そして墓壁画の狩猟絵について「墓内での狩猟・殺害のモチーフは再生を予定しての行為」としたのである。王が行なう狩猟の意味についてきわめて示唆に富んだ説であり、古墳時代の祭りをはじめとして古代日本における「王の狩り」を考える上では大変重要な見解でもある。

しかし、埴輪の狩猟シーンに限っていえば、これまでみてきたように猪が特に意識されている。猪でなければならないという立場から考えることはできないであろうか。この点について、日高慎氏がとなえた狩猟埴輪論は極めて明快である（日高一九九九）。

日高氏は大阪府の梶2号墳にみられる犬・猪・鹿などの動物や弓から構成される狩猟場面の埴輪をはじめとして、全国事例を集成しながら独自の見解を出した。それは狩猟場面と判断できるのは犬の存在であること、狩猟とされる動物は猪ばかりでなく鹿も対象となることを確認した上で、猪・鹿・犬・狩人の組み合わせ事例は、「猪が関わる狩猟場面二十例」「鹿が関わる狩猟場面十二例」と整理した。さらに犬や狩人の存在は不明ではあるものの、埴輪群としてとらえた場合狩猟シーンの可能性がある資料として猪十一例、鹿十八例があり、先の確実な例に加えると「猪が関わる狩猟場面三十一例」「鹿が関わる狩猟場面三十例」となり、猪・鹿ともにほぼ同数であることをつかんだ。

これら狩猟場面の解釈については、「鹿や猪の霊力を得るための狩猟、儀礼」と考えた。すなわち「正の存在である鹿と負の存在である猪」と定義し、「鹿の狩りはその能力を得るためのものであり、猪の狩りはそれを駆逐することに意味があった」とみなしたのである。やや難解な表現であるが、有益な鹿の能力に対して、猪は排除されるべき力を持っていたということになろうか。さらにつきつめると、古墳時代という農耕社会にとって鹿は有用である一方、猪は害をなす存在とみられていたことになる。

そもそも日高氏は埴輪群像を「被葬者の生前の生活を再現している可能性が強い」と考えていることから、狩猟埴輪についてもそこに埋葬された権力者が生前行なった狩りの様子を表現したということになる。従って猪に対する「王の狩り」は、まさに猪の退治ということになろうか。

日高氏の見解は、猪の駆逐といった点で共感できる。しかも鹿と対比することにより、鹿と猪とのそれぞれの意味を導き出すことができ、大変意義深い。というのも、前項の弥生銅鐸のところで考えてきたことと共通するからである。

まず鹿については、人間に従順でありしかもその血には稲を育てる呪力があったことについてふれた。それは「豊後国風土記」速見郡頚峰の項、および「播磨国風土記」讃容郡の項に記載されている鹿の性格から説明することができた。まず「豊後国風土記」には、田の苗を荒した鹿を捕え殺そうとしたが、鹿の願いを受け入れて許したことにより、その後苗は鹿に食われることなくみのりを得る、というストーリーが綴られていた。また「播磨国風土記」からは、鹿の血が稲を育てるのに大変有用であると考えられていたことが理解できた。銅鐸に描かれていた「人が角を掴むシーン」からは、鹿が人に従うという従順な性格をみることができる。

それに対して猪はどのように考えられていたのであろうか。『古事記』には、「赤き猪」を獲るかわりに焼けた大石により焼き殺された「大穴牟遅神《おおなむぢのかみ》」（古事記「八十神の迫害」）、牛のごとく大きな「白猪」に化けた伊吹山の神により打ち惑わされた「倭建命《やまとたけるのみこと》」（古事記「小碓命の東伐」）、誓約猟《うけひがり》の結果「大きなる怒猪」により食い殺された香坂《かごさか》王（古事記「忍熊王の反逆」）、など害をもたらす存在としての猪が登場する。やはり根底には猪は害をなす恐ろしい存在の象徴といった考え方が伝わっていたのではないだろうか。

風土記には、このような猪を追ったり、狩りする場面がいくつか登場する。まず「出雲国風土記」意宇郡「宍道《ししぢ》の郷《さと》」の項に、「天の下造らしし大神の命の追ひ給ひし猪の像、南の山に二つあり（中略）猪を追ひし犬の像は（中略）其の形、石と為りて猪・犬に異なることなし。」とある。現在の島根県簸川郡宍道町白石の石宮神社にある猪石・犬石がこれにあたるという（秋本一九五八）。さらに「播磨国風土記」託賀郡「伊夜丘《いやをか》」の項には「品太《ほむだ》の天皇の獵犬名は麻奈志漏《まなしろ》猪と此の岡に走り上りき。天皇、見たまひて、「射よ」とのりたまひき。故、伊夜岡といふ。此の犬、猪と相闘ひて死にき」とある。これらの事例では猪を追いそして射止める理由については特に書かれていない。しかしそこには犬に猪を追わせるとともに、弓の射手がこれを射るといった行動が描き出されている。まさに王の狩りの情景でもあり、権力者が猪を征伐するストーリーが出来上がっていたのである。同じ「播磨国風土記」でも「比也山《ひややま》」の項では、鳴く鹿を射ようとするのを止めさせた品太の天皇の記事が載る。やはり「射よ」と命ずるのは猪に対してなのである。

以上のような例からは、やはり鹿は人になつくとともに役に立つ存在であり、猪は害をもたらす存在として語られていたことが分かる。まさに弥生の銅鐸のところで考えてきた、猪と鹿の意味につうずるではないか。つまり弥生時代という農耕社会にとって猪は退治されなければならない存在であり、狩人と犬という組み合わせによって仕留められる情景が銅鐸に描き出されていたのである。さらにその背景には、縄文時代の神であった猪を排除するという、新しい時代の考え方があったのではないか。弥生時代という農耕社会にあって、新しい秩序を守るために必要な権力者としての責務が、そこに表現されていたものと考えたい。弥生の社会を治める者の条件の一つが猪退治にあったとすれば、同じ農耕社会としてより広範囲を治め、より強い権力者が登場する古墳時代にあっては、猪退治の思想がさらに発展し「王の狩」としていっそう儀式化していったことは想像に難くない。

ところで弥生時代から古墳時代を経て、『古事記』や『風土記』が編纂された奈良時代に至るまでの長い期間、猪に対する考え方が全く同じであったとは言い切れない。しかし、作物を荒す害獣にはじまって、さらには「まつろわぬもの」「従わないもの」、つまり新しい時代に対抗する勢力の代表というようなイメージが、猪に重ねられるようになっていったことは、十分に有り得ることである。

播磨国「伊夜丘」において、麻奈志漏に追い詰められた猪を射止めさせた品太の天皇の行為は、まさに害を成すものの排除であったわけである。言ってみれば異民族あるいは異文化の神であり、退治せねばならない「まつろわぬもの」の象徴を押えつけることこそが、王たるものの役割であったと考えられる。銅鐸に表わされた猪を取り囲む犬と、矢を放つ狩人の造形こそ、まさに『風土記』に記載された「天皇の狩」の源流であったとみなしたい。銅鐸の絵画においても、そこには直接描かれてはいないが、犬を放ち狩人に命じて猪を射止めさせた者の存在があったはずである。その者とは、銅鐸を高らかに響かせ祭りを執行させた権力者なのである。

このように考えた時、『風土記』の麻奈志漏・狩人・猪の構成は、これまでみてきた埴輪の構成にもつうずるではないか。その典型の一つが保渡田八幡塚古墳にて復元された犬・猪・狩人である。さらには狩人が伴わないケースでも、犬と猪とはまさに王により命じられ走り出した犬とそれに追われる猪、ということになろうか。追い詰める犬には、鈴付きの首輪をしたものも登場する。すでにみたように鈴は神を呼び、繁栄を導く守り神でもあった。大きな力を持った猪。これを追い込んでいく犬も、やはり神に守られる必要があったのである。それでも「伊夜丘」での麻奈志漏は、相闘って死に、「目前田」での猟犬は目を裂かれたという。農耕社会におおいなる害を与えるもの、まつろわぬもの、その代表が猪であり、それを神霊に守られた犬と狩人とに命じて押えつけていくこと、それこそが王たるべき者に課せられた義務であり、それをやりとげたものが王として認められる。そのような思想が「王の狩」という形を借りて表現されていたのではなかろうか。

古墳にて執り行なわれた埴輪祭祀。そこに造形された猪を対象とした狩猟場面とは、王にふさわしい力の表現ではなかったか。その源流は弥生時代にまで遡るものと考えたい。

では狩猟シーンの中での鹿の意味はなんであろうか。これについては、佐原氏、春成氏が主張したように、田を荒すことからの降伏、鹿の血の稲籾の育成といった『風土記』の記載からも推測できたように、猪とは逆の立場――すなわち農耕社会に必要な豊穣をもたらす神としてその役割を担っていったのではないだろうか。害を及ぼすまつろわぬものの代表としての猪、水田の豊かな稔りをもたらす神としての鹿、というそれぞれの意味合いが埴輪の狩猟シーンに表わされたのでないか。

ところで人物埴輪群も含めて、このような狩猟シーンの埴輪群が置かれる位置についても注意したい。古墳の中段から外側に置かれる場合が多く、また保渡田八幡塚古墳のように二重に巡る濠を持つ古墳では、濠に挟まれた中央の土手上に置かれていた。このような場所に一般の人々の立ち入りができないことは当然ではあるが、しかし古墳の外からこれらを眺めるには好都合の位置にある。つまり、埴輪群をみる人を意識した場に設けられていることにもなるのではないか。若狭徹氏が保渡田八幡塚古墳での狩猟シーンを「権威的な諸行事の表現」の一つとしたことにも通じ、古墳をみた者に権威の表現としての狩猟シーンが伝わるからである。射手と犬とに命じ、まつろわぬ異文化の神でもある猪を従わせる者こそが、王にふさわしいあるいは王たるものの条件の一つであるという誇示が、この狩猟埴輪をとおして人々に示されたのであろう。加えて農耕社会でのみのりを約束する神、鹿をも制御することができるのも王

第29図　福島県清戸迫横穴の壁画（梅宮1976より抽出）

の力であったと思われる。埴輪群像に託された意味合いは複数あろうかと思うが、狩猟場面については以上のような王の力の表現と考えたい。

なお、古墳の壁画にも狩猟場面に類した情景が描かれている事例がある。福島県清戸迫《きよとさく》横穴奥壁では指揮する王らしき人物とともに、射手と複数の動物や騎馬などが描かれている（第29図）。梅宮茂氏は「徒歩の弓を射る人物、ねらう先に見事な枝角をもつ牡鹿、子鹿（牝鹿）、猪がおり、犬が鹿に向ってほえたている情景」と説明する（梅宮一九七六）。大塚初重氏は「渦巻き文の下には鹿が二頭いる。その鹿を矢で射ている人物がいて、矢が放たれて鹿に向かって飛んで行く」と表現している（大塚二〇〇四）。ここでは犬に行く手をはばまれ、そして弓矢で射られるのは鹿となっているが、同時に猪にも矢が向かっているようなシーンもみられる。福島県泉崎横穴では騎馬で鹿らしい動物を追うシーン、同県羽山横穴には白鹿をはじめ動物や人物が描かれている。さらに福岡県五郎山古墳でも騎馬や複数人物・動物が描かれており、西谷正氏は「鹿もしくはイノシシを狩猟している非常に珍しい題材」とみた（西谷二〇〇四）。五郎山古墳は六世紀後半、清戸迫横穴などは七世紀とされるが、埴輪による狩猟シーン以外にも、壁画により同様な表現が行なわれていた時期もあったことになる。装飾古墳に表わされた狩猟シーンについては、鹿も猪と同じように弓矢で狩られる立場として登場する例も多いようである。もちろん銅鐸絵画にも弓矢で射られるシーンが描かれていたり、埴輪の鹿でも矢が刺さった事例もある。問題は、猪と鹿が狩られる意味合いの違いである。なお、埴輪については外からみられることが意識されて配列された可能性を考えたが、壁画はあくまでも墓の内部に描かれたものである。このような違いがあるものの、類似した狩猟場面が描かれている意味も考える必要があろう。装飾古墳に描かれた狩猟シーンについては、渦巻き文をはじめとしてさまざまな幾何学文とともに、まだまだ解明すべき課題は多い。

以上、弥生の銅鐸に描かれ、そして古墳の埴輪にまでも表現された狩猟のシーンについてその意味を考えてきた。そこには王の力の誇示といったテーマをみることができたが、実は犬と狩人とが一体となってすぐれた能力を発揮していくという考え方は古墳時代にて完結しそこで終息したのではなく、『風土記』などの古典書にも受け継がれるとともに、実は後の世まで長く語り継がれていたのである。それについて次の項でとりあげてみよう。

二　王の狩り――その残照――

平安時代末期から鎌倉初期にかけて成立したとされる『今昔物語集』や『宇治拾遺物語』などには、猟師と犬とが物の怪を退治する説話が残されている。

『宇治拾遺物語』〔119　東人、生贄を止むる事〕には、「東の人の、狩りといふことをのみ役として、猪のししといふものの、腹立ち叱りたるは、いと恐ろしきものなり、それをだに、何とも思ひたらず、心に任せて、殺し取り、食ふことを役とする者の、いみじう身の力強く、心猛う、むくつけき荒武者」である猟師が「年ごろ山に使いならわしたる犬の、いみじき中にかしこきを、二つ選りて」、生贄を求めてきた猿を懲らしめるという物語りが載せられている。すなわち猟師が日頃飼っている複数の犬のうちの特に優れた二匹とともに、毎年生贄を求めてくる物の怪とでもいうような大猿とその眷属二百匹余りを降参させるという構成である。このストーリーからはこの時代猟師が複数の犬を引き連れて、猪などの狩りを行なっていたことがわかる。加えて猟師と犬とは、それらが協働することにより常人にはとうてい不可能な能力を発揮する、と理解されていたこともわかる。

『宇治拾遺物語』と同様の話は、それよりも古い平安時代末期に成立したとされる『今昔物語集』巻二十六の第七「美作の国神、猟師の謀に依りて生贄を止むる語」にも出てくる。ここでは「犬山と云ふ事をして、数たの犬を飼ひて、山に入りて猪・鹿を犬にくひ殺さしめて取る事を業としける人」と云うように「犬山」という表現がなされている。犬を多く用いて獣を追い立て、猟をする方法があったのである。「犬山」は「狗山」とも書かれており、同じ『今昔物語』巻第二十六の第二十一「修行者、行人家秡女主死語」では「家ニ数ノ狗ヲ飼置テ、山ニ入テ鹿・猪ヲ咋殺サセテ取事ヲ業トシケリ。世ノ人、此ヲ狗山ト云也ケリ」と記されている。また、巻第二十九の第三十二「陸奥国狗山狗、咋殺大蛇語」でも「陸奥ノ国、□ノ郡ニ住ケル賤キ者有ケリ。家ニ数ノ狗ヲ飼置テ、常ニ其ノ狗共ヲ具シテ深キ山ニ入リテ、猪・鹿ヲ、狗共ヲ勧メテ咋殺セテ取ル事ヲナム、昼夜朝暮ノ業トシケル。（中略）此ク為ル事ヲバ、世ノ人狗山ト云ナルベシ」と紹介されている。

このような表現からみて犬に追わせる方法は、主に鹿及び猪を対象とした狩であったようで、『今昔物語集』が編纂された頃には東国を中心に広く行なわれていたと見なされよう。

これに類した筋書を持つ物語りは、地域や時代を越えて各地に伝わっており、物の怪と化した動物を退治するという江戸時代での早太郎伝説も、狼信仰を加えてはいるもののこの流れを汲むものとされている（栗栖二〇〇四）。

このような説話や伝承からではあるが、少なくとも古代末以降狩りを生業とする職業があったことがわかる。それはあまたの犬を飼い、猪や鹿を狩る犬山・狗山なる職業である。時には「いみじう身の力強く、心猛う、むくつけき荒武者」とも表現される東人あるいは陸奥国ノ賤キ者でもあり、貴族の目からみるとさげすむような感覚でとらえられていた者達であった。しかしこの賤しき者と犬とが、恐ろしい「物の怪」を退治するほどの力を持っていたことは、かつて権力者（王権）のもとで能力を発揮していた猟師と犬であったからに他ならない。『宇治拾遺物語』の「むくつけき荒武者」と表現されている猟師が、最後に「もとより故ありける人の末なり」と結ばれる理由もここにあろう。

平安時代末に成立したとされる絵巻物『粉河寺縁起』にも、猟師と飼犬が登場する。犬については首輪の有無や毛色・模様などの違いで描き分けられていて、少なくとも三ないし四匹は飼われていたことが推測でき、『今昔物語集』「あまたの犬を飼う、犬山」同様の状況を窺うことができる。この『粉河寺縁起』は、「大伴孔子古《おおともの くすこ》」という猟師が猪・鹿を射るために樹上にて待ち受けている際、傍らの地中から発する瑞光に気づき、そこに庵を結んだのが粉河寺の始まりという絵巻物である。枕草子にも登場する紀伊国由緒の寺である粉河寺の創始者に、人里離れた深山にて獣を追う猟師を充てたことの背景にも、狩りをする人と犬とが常人にはない力を発揮するといった考え方が息づいていたからではなかろうか。ちなみに「大伴孔子古」については、小松茂美氏の解説にて、その子孫は朝廷に出仕する官人や粉河寺の別頭という優れた系統の一族として位置づけられているとともに、「すべらぎのみこのながれのすえ」と記述されている関連資料も紹介されている（小松一九八七）。

このように、高貴なあるいは王権に関わる血筋にもとづく伝承が猟師の力の背景にあったことを考えたが、同様の由来は「またぎ」の位置づけにも共通する。岩手県にある碧祥寺博物館が所蔵する『亦儀鉄砲由来巻物』では次のように語られている（群馬県立歴史博物館一九八六）。

・山立亦儀の祖である万事万三良は応神天皇の末裔であり、祖父の代に関東に流された
・この猟師が日光大権現の頼みに応じ敵を倒し、別格の位を予測さる
・かつて役行者に随行したという白犬の助力により捜していた三鈷を得て、弘法大師に渡す
・弘法大師の奏上により、帝から「山々嶽々自由の御綸旨御朱印」を頂戴し、日光に戻り子孫繁栄

由来書であることから、現在の権利保証や出自の正当性・高貴さなどが強調されていることは言うまでもない。しかし「出自を応神天皇に求め、白犬の助けにより課題が解決でき、しかも身分の保証がかなう」という構成は、「播磨国風土記」伊夜丘の項での射手に射よと命ずるのが品太天皇（応神天皇）であり、追うのが「麻奈志漏」という名前の白犬であったことと、よく似ているではないか。加えてこの犬を役行者と結び付けることにより、ただならぬ雰囲気を漂わせている。やはりここにも高貴な流れの末裔である猟師と、霊力を持った犬との組み合わせが語られていることになろう。

以上のように弥生の銅鐸に描かれた射手と犬との組み合わせは、古墳時代における王の狩りを演ずる構成要素とし

て埴輪にも造形され、古代から中世には説話となって広まり、さらには近世での伝説にまでも生き続けていることが理解できた。まさに、王の狩りの意義と歴史とが息づいているとみてよい。その起源をさかのぼってみると、王権を誇る条件の一つとして「猪の征討」が重要な意味を持っていたことに行き着くのではないか。逆にみると、猪の力の強大さから始まるストーリーでもあったということになろう。

第三章　古代から中世へ——文献から探る猪——

一　古典にみる猪

奈良時代以降、文字や絵画で表現された資料が登場する。これらの資料を調べてみると、猪にかかわるデータに数多く接することができる。前の章でも物語や絵巻に記された猪のことをいくつか紹介したが、ここではさらに古代から中世の猪関連資料により、人と猪のかかわりを探っていくことにする。

『古事記』安康天皇の項に「山代《やましろ》の猪甘《ゐかひ》」という老人が登場する。「猪甘《ゐかひ》」は「猪飼」ないし「猪養」のことでもあり、注釈では「豚を飼う部民」と説明されている（倉野一九六八）。また「播磨国風土記」賀毛郡山田里の条に「猪養野《ゐかひの》」という地名が出ており、そのいわれとして日向の肥人《くまびと》が「猪を持ち来て、飼う場所を求めたところ、この場所を賜わって猪を放し飼った」という伝承が記載されている。なお「猪養野」は同じ文中にて「猪飼野」とも表記されている。これらの記述から、古代には猪類の飼育にかかわる職業があるとともに、飼育を行なう専用の場所もあったことが理解できる。

ここでいう猪が野猪であったのか豚であったのかは問題となるところでもある。『続日本紀』の天平四年秋七月の項に「詔。和買畿内百姓私畜猪四十頭、放於山野、令遂性命」という記事が載っている（黒板一九五二）。畿内の百姓が飼っている猪を朝廷が買い上げて山野に放したというのである。この年は春から夏にかけて雨が降らず、旱魃の被害が著しいため祈願や救済、恩赦などの対策が命じられている。上記の詔もこの施策の一環として出されたものと思われる。「畜」とは養うとか飼うという意味であるが、ここに記された「畜猪」とはすでに家畜化した猪すなわち豚なのか、一代限りの飼養状態にあった野生の猪であったのかはよくわからない。『日本古代家畜史』を著した鋳方貞亮氏は、「直ちに野生化し得る状態にある猪」を飼養していたことを推測した（鋳方一九四五）。しかし第一章でふれたように、西本豊弘氏らの研究により弥生時代には猪とは異なった形質を持つ猪類、つまり「ブタ」の存在が確認されている。これは稲作に伴って大陸からもたらされたものと考えられているが、骨格に違いがあることはすでに何世代かの交配による飼育が行なわれていたことになる。『古事記』や『風土記』に表現される「猪甘」や「猪養」の意味するところが、一つには「猪の仔を捕えて飼養したことも考えられる」という林田重幸氏の見方もある（林田一九七二）が、弥生時代以降の伝統による猪類の飼育を表現した言葉であり、それが職業として成立していた可能性も高い。古代史の立場から佐伯有清氏は、平城宮跡から出土した木簡に「猪甘部君」という氏名が書かれていたことから、やや時代が降った八世紀頃には「猪甘（飼）部」という職掌組織が存在しており、大和、山城、摂津、和泉、丹波、播磨などの諸国に「猪飼部」が設置されていたことを述べている（佐伯一九七七）。

では猪類の飼育目的は何であったのだろうか。佐伯氏は、天皇の食膳に供えるために猪を飼ったという直木孝次郎説、皇神に供える白猪を飼育するという志田諄一説、食料が主・祭祀が従という鋳方貞亮説などをあげる中で、天皇食膳供用説を妥当とした。

公に飼われていた猪については以上のような考え方があるが、野生種も含めて一般の人々にとっては、猪はまず第一に食用であったと思われる。さらには薬用や祭祀として活用されていたとみてよい。その他さまざまな儀式に猪や豚の皮や肉が必要とされた記事も多い。

先に引用した『続日本記』天平四年の詔の文面からは、山野に放され命ながらえた「百姓ノ私畜猪」は、本来屠殺されるべきものであったことが読み取れる。このことはさらに『続日本紀』天平十七年（七四五）の「禁断三年之内天下殺一切完」という記事からも理解できる。「完」は「ニク」と読まれており、三年の内天下一切の完《ニク》を殺すことを禁断すという意味になり、牛馬はもちろん猪も含めて食用が禁止されたと解釈されている。それまでは猪類は食用などのために屠殺されていたとみてよかろう。以前にも『日本書紀』天武天皇四年（六七五）四月十七日の詔に、漁や猟の制限とともに「莫食牛馬犬猨鶏之宍。以外不在禁例。若有犯者罪之。」と記載されている（坂本他一九六五）。すなわち牛・馬・犬・猿・鶏という家畜を中心とした食用禁止令である。但し文面には猪に関することは登場せず、野性の猪は食してもよいが、飼育している猪類（あるいは豚）は禁止というような意図があったのかどうかはわからない。すなおに解釈すれば野生種・飼育種に限らず猪類は禁制の対象にはなっていなかったことになる。この禁断の詔は仏教による殺生禁断の思想にもとづくとされるが、期間限定ではあるものの天平十七年の詔を経ることにより野生獣も含め、肉食を忌み嫌う流れへと進んでいったものとみられる。

以来、我が国において獣肉の食用は禁忌されることになる。では猪についても、縄文時代以来続いていた食用をはじめとしてその利用は一切なくなってしまったのであろうか。実は、猪の利用は薬用及び祭祀用にはじまり、食用に至るまで多方面にわたり続いていたのである。そのような各種の利用について、まず、薬用および祭祀用・食用の順で資料を探ってみよう。

二　薬用・祭祀用としての猪類

儀式や祭礼、それに全国各地の献上品のことなどの細かい規則や取り決めがまとめられている平安時代の法令集、『延喜式』の「民部省」「主計寮」「典薬寮」といった各部署の担当項目に、猪の脂（膏）や毛皮などのことが記載されている。脂も膏も「あぶら」と読まれ、いずれも脂肪のことであるが、脂は凝固したもの、膏は溶けたものと解説されている（虎尾二〇〇七）。「猪の膏一升」とか「信濃国の猪膏三斗」などと記されており、瓶などの容器にいれて運ばれたのであろう。このような猪の脂肪が「交易の雑物」とか「中男作物」といった当時の税の一種として、信濃国、甲斐国、美作国、陸奥国から納められている。猪の「脂」も「膏」も薬用品であり、さらに『延喜式』木工寮の項目には「瑩太刀猪膏五合」（太刀をてらす猪のあぶら五合）とあり、膏は太刀を磨く剤として用いられたことがわかる。なお薬については、医師や医薬を管轄する「典薬寮」という部署が扱っており、ここに記載された「諸国進年料雑薬」には猪の脂肪以外にも猪「蹄」が相模、美濃、飛騨、上野などの諸国の項に掲載されている。猪の蹄も薬の材料になっていたことがわかる。また「猪脂」は馬の薬としても用いられたことが、馬の養飼や調習などをつかさどる「左右馬寮」の項に載っている。

猪類の脂肪は、江戸時代の書き物にも記載されている。江戸時代の経済学者佐藤信淵が文政十年に著した『経済要録』には「獣類の油は豚を以て第一とし、熊これに次ぐ、此の二物の油を清潔に取りたるは、其味鳥の油よりも美にして、食物に混じて煮るに妙なり、且つ灯火及び膏薬などに此れを用ゆ」とあり、猪類としての豚の脂肪が食用、薬用、照明などに用いられていたことがわかる（佐藤信淵著、滝本誠一校訂一九六九）。東北の八戸藩勘定所日記文化五年七月十三日及び十月一日の項には「熊之油猪の油御入用」の記事がみられる（八戸市史編さん委員会一九八〇、一九八二）。やはり薬用として必要とされたものであろう。ここでの猪は野猪とみてよいだろう。この勘定所日記には、安政六年以降「猪肝差上」の記事も頻繁に登場する。さらに八戸藩御用人所日記でも「猪水肝」「猪干肝」という名称がみられる。肝とは胆嚢《たんのう》のことであり、いわゆる熊の胆《い》とか猪の胆《い》と呼ばれ、腹痛や胃腸病に大変よく効くとされる薬である。通常は乾燥して水分がなくなったものが保存され薬として用いられるが、本来胆嚢には多くの水分が含まれている。「水肝」というのは取れたての水分が多いもの、「干肝」が乾燥されたものを指すのではなかろうか。八戸藩での肝の記事は十二月から二月に集中しており、冬の狩猟期間にて捕獲されたものが納められることになり、油の入用時期が七月や十月であることとは異なっている。猪の脂肪も肝も薬用なのであろう。なお、歴史編にてふれるが八戸藩では猪の被害が多く、特に寛延二年（一七四九）には「猪飢饉」と称される飢饉も発生している。その被害に比べるべくもないが、猪の効用もはかられていたのである。

実際、長野県伊那地方の民俗事例として松山茂夫氏は熊の胆とともに猪の胆が薬用として用いられていたことを紹介している。薬効の高さについては熊、猿、猪という順番があったらしい（松山一九七八）。

以上のような薬用に加え、平安時代の『延喜式』には祭祀にかかわる猪の役割もいくつか記載されている（虎尾二〇〇〇）。まず、「京城の四方の隅にて行なわれる道饗祭《みちあえのまつり》」という、災厄をもたらす悪鬼が都の中に侵入することを防ぐ祭りがある。この祭祀を実施するにあたって牛皮、鹿皮、熊皮に加え、猪の皮までもが必要とされているのである。これは一年の内の六月と十二月とに行なわれる恒例の祭りであるが、疫病が流行した時に臨時に行なわれる「疫神祭《やくじんのまつり》」でも同様に牛熊鹿猪の皮が用いられる。他にもこれらの獣の皮が必要とされる祭りに「障神祭《さえのかみのまつり》」があり、外国の使節が入京する前に行なうこととなっている。これも疫病や悪神を防ぐ祭祀とされているが、後世の「塞えの神」や「道祖神」など村境の神につながる祭祀形態ということもできる。このような悪霊退散とでもいう祭祀に、牛熊鹿猪の皮が用いられることには注意したい。この中で鹿皮だけは、晦日大祓《つごもりのおおはらえ》、新宮地鎮祭、野宮地鎮祭などの祭祀などに用いられている。このことから鹿皮は祓い清める際に必要な祭具ということになる。ということは、牛・熊・猪には悪霊侵入を防ぐなどの効力があったことになろうか。あるいは牛、熊、猪ごとに防ぐべき悪霊や疫病の種類があったのであろうか。動物の皮が用いられること、それは本来生きたままの獣が用いられたことを意味するのかもしれない。それとも毛皮を被った舞などが行なわれたのであろうか。『延喜式』にはそのことについては特にふれられていない。なお、先には弥生の銅鐸絵画の狩猟シーンや古墳の狩猟埴輪からみて、猪とは退治せねばならない「まつろわぬ者」の代表とみた。そのような害をなすものの毛皮をさらすことにより、悪霊をも退散させる力をそこに表現するといった見方もできよう。

『延喜式』には、他にも猪類を含む動物を犠牲として供える、一風変わった祭祀も登場する。これは教育機関である「大学寮」にて行なわれる、孔子とその弟子十人を祭る「釋奠《せきてん》」という儒教儀式の祭祀であり、「三牲肉」を供えることになっている（虎尾二〇〇七）。「三牲」とは、大鹿、小鹿、豕の動物各一頭ずつのことと説明書きがあり、この三種の動物がいけにえとして供えられたことを意味する。豕は「いのこ」と読まれており、猪ないし豚ということになる。あるいは猪の子供ないし子豚ということにもなろうか。この「三牲」にする動物は左右近衛府、左右衛門府、左右兵衛府という六衛府にて順次用意することになっているが、この六衛府のそれぞれの条文では「豕」ではなく「猪」と表記されている。

これらの獣は五臓（心臓、腎臓、肝臓、肺臓、脾臓）の揃っていることが条件となっている。その上で身体の右半分について、さらに十一の部位に切断、そして並べ供えることが記されている。条文には肩を含む前脚、後脚、脊椎、肋骨などの記載はあるもの、頭骨については特にふれられていない。

日本での釋奠儀式は唐の国の祭式が基本となっており、本来中国では牛、羊、豚を供えるとともに、三牲の毛血を豆（祭神にそなえた高杯）にとったとされる（虎尾二〇〇七）。神と人とがともに飲食し、儀式後の肉が分配されるような祭祀にあたって、このような犠牲獣の一つに猪ないし豚といった猪類が用いられる意味は一体何だろうか。釋奠祭祀には他にも干した魚や肉、塩漬けの肉、木の実、栗・黍・稲、そして酒などが供えられる。このような保存食に加え三牲が捧げられるということは、本来生きた獣が捧げられその場にて犠牲にされたこともあったのであろうか。三牲を準備するにあたっては、『延喜式』の「大学寮」に「若致腐臭、早従返却、令換進之」（腐臭がする時にはすぐに新しいものと取り替えよ）と記されており、新鮮な獣肉が要求されている。猪類が犠牲獣として用いられたこと、これについては第一部でみたように我が国での縄文時代のことを思い出す。特に子供の猪については、首のない猪幼獣や下顎の骨が百十五個体もまとまって発見された遺跡の例などがあった。一方猪類の下顎の骨が懸架された弥生の祭祀についても第二部第二章で紹介した。それぞれの時代における猪類を用いた祭祀の意味は異なっているものの、猪あるいは豚といった動物が祭祀に必要であったことは確かである。釋奠の儀式は中国からもたらされた祭式であり、三牲の意味も本来は中国にある。農耕社会における祖先や先帝を祭る儀式に際して、血や肉を供える意味にまで遡るのであろう。ともあれ、豚を含めた猪類がこのような祭祀には欠かすことのできない供え物であり、それが我が平安時代にも行なわれていたことは驚きでもある。

ただし日本にて釋奠の儀式が始まったのは大宝年間（七〇一年頃）からとされ、以後制度やしきたりが整えられていったものの獣肉に対する穢《けがれ》意識や仏教における殺生禁断の考えなどとともに、猪や鹿の死に対する穢を忌みきらう伊勢神宮への信仰が高まって、平安時代後半の十二世紀、三牲供儀は行なわれなくなったという（戸川一九九五）。

ところで釋奠の儀式は毎年二月と八月に行なわれ、その都度三牲の動物も用意されることになる。『延喜式』では、「左右近衛府」、「左右衛門府」、「左右兵衛府」という警固や儀杖を取り仕切る六衛府が順番にて、宮廷用の食膳や食料をつかさどる「大膳職」に送ることが定められている。さらに腐臭がするほどに傷んだ場合は取り替えることにもなっている。このことから、犠牲獣は絶えずストックが必要となり、やはり鹿をはじめとして豚あるいは猪が飼育ないし飼養されていた可能性は高い。毎年行なう「道饗祭」あるいは臨時の祭ではあるものの「疫神祭」、「障神祭」などに用いる猪皮や「竈神」への猪完《いのししのにく》の供給などを考えるとなおさらである。先に佐伯氏が言った、大和、山城、摂津、和泉、丹波、播磨などの国に「猪飼部」が設置されていたということも、猪肉の供給先であったのかもしれない。さらには薬用として各地から納めさせる「猪脂」「猪膏」「猪肝」「猪蹄」についても、要求される地域では野生種も含めて猪類の確保がたやすいことが条件ともなろう。このようなことを考えると、『古事記』や『風土記』などにみる「猪甘」や「猪養」なる職業は、食肉禁断の詔以降も存在し続けたとみてよいだろう。ただし三牲の獣類については、各地の国司や郡司によって行なわれる公的な目的の狩猟により調達されたという見解がある（戸川一九九五）。特に鹿については、野生種が狩猟によりもたらされた可能性が高いものと思われる。

薬用や祭祀にかかわっての猪類の需要、それは古代に限らず中世以降も継続していたはずである。特に狩猟祭祀のような場合には、神前にその狩猟にかかわる動物を供えることは十分にありえる。第一部でも紹介した、宮崎県西都市銀鏡神社の大祭に奉納される「オニエ」の猪。これは捕獲した獣の鎮魂を祈り、豊猟を願う狩猟祭祀と農耕祭祀とが結び付いた祭りの象徴でもある。このような祭りの起源は、江戸時代さらにはそれ以前にまで遡ることであろう。信濃国諏訪大社の上社に伝わる旧暦三月酉の日に実施された御頭祭には、今なお鹿の頭が供えられている。『上社年内祭祀ノ大畧』には「遠近ノ里人心願ニヨリテ鹿ノ頭又ハ猪何レモ獣魚ノ頭ヲ奉納シテ報賽ノ道ヲ盡ス」とあり（諏訪史料叢書刊行会一九二四）、古くからの行事であったことがわかる。特に諏訪大社は信濃国の一宮であり、『延喜式』神名帳にも載る神社として創建は古代にまで遡る。狩猟にかかわる神社でもあり、御頭祭については少なくも中世以来の伝統ある祭祀であることがうかがわれよう。

銀鏡神社や諏訪大社に奉納される猪や鹿、これらの動物は狩猟により捕獲されたものであり、狩猟の目的はやはり食肉用を第一としそれに薬用や毛皮や骨角の利用が加わっていたと思われる。なお、諏訪大社の御頭祭では鹿を食べることもあって、江戸時代から明治中頃まで「鹿食免《かじきめん》」という肉食が許されるお札が発行されたという（三輪一九七八）。殺生禁断・肉食禁忌に対しての独特の理論付けでもある。

なお祭祀という点に関して、これまで紹介した事例とは異なり「猪」が神の使いとして祭られるケースもある。特に和気清麻呂を祭る京都市の護王神社及び岡山県の和気神社が著名である。清麻呂と猪とのかかわりについては、『日本後紀』桓武天皇の延暦十八年（七九九）に詳しい（黒板・森田編二〇〇三）。その書には、足が不自由な清麻呂が輿に乗り宇佐八幡宮に向かう折のこととして「及至豊前国宇佐郡楉田村、有野猪三百許、挟路而列、徐歩前駆十許里、走入山中、見人共異之」という記事が載せられている。清麻呂一行が進む路の両側に、猪三百匹ほどが列をなして並走したというのである。さらに「拝社之日、始得起歩」というように、八幡社参拝の日には足が治り歩くことが出来るようになったとされている。ここでの猪は、清麻呂の守護神のような立場で登場している。『古事記』や『日本書紀』では猪は悪役あるいは害を与えるものとして描かれていた。古墳時代における埴輪の狩猟シーンでも、為政者に退治されるべき象徴でもあった。猪が持つ強烈な力が、ここでは清麻呂を警護しそして不自由な身体を治したのである。物語の背景には、法皇道鏡との権力闘争があったとみられ、強力な法皇の力に対抗するにはそれ以上の力が求められることになる。一時はその闘争に破れ、『水鏡』にあるように道鏡の怒りにふれて、脚の筋を切断され不具者となった清麻呂であった。そのような場面への猪の登場は、当時の人々の猪観を物語ることにもなろう。『延喜式』では「道饗祭」や「疫神祭」にて疫病や悪神を防ぐために牛皮、鹿皮、熊皮とともに猪の皮が必要とされている。猪には悪霊や疫病を防ぐ力があると信じられていたのではないか。当時の人々は清麻呂復活の一端を、猪の霊力に託したのであろう。このような伝承がもととなり護王神社や和気神社では、現在も猪が祭られている。

なお、神社には「絵馬」が奉納されさまざまな願い事が託されている。全国を見渡すと、猪の描かれた絵馬が奉納される事例も少なからず認められる。多産であるとともに、災厄忌避の神でもある摩利支天の使いともされる猪に願いを込めることは、今なお行なわれているのである。

また陰暦十月最初の亥の日、亥の刻に亥の子餅を食べるというかつての祝儀も、やはり猪の多産に由来するものと伝えられている。

三　食用としての猪・豚

猪を含めて獣肉が食用にされていたことは、いくつかの資料から確認することができる。まず『縁起式』「主計寮」には諸国からの貢納品の一つとして「猪脯《いのししのほじし》」や「猪鮨」という肉の加工品が出ている。「脯」とは「干し宍」すなわち乾物のことであり、乾燥させた肉の切り身ということになる。鹿脯、雉脯などもみられることから、肉の乾燥はこの時代に広く行なわれていたことがわかる。その他にも、獣肉や魚の加工に関しては、鮨、醢《ししびしお》などの保存方法がみられる。鮨は醗酵、醢は塩漬けである。これら肉の加工品はさまざまな京の倉庫に納められ、祭りでの供えものに用いられるとともに、保存食として食料になったものと推測できる。このような加工品のうち、干し肉はかなり一般に用いられていたものと思われる。平安末に描かれたとされる「粉河寺縁起」には、この寺の創建にかかわる猟師やその生活場面が描かれているが、そこには狩りの様子とともに獲物の毛皮や干し肉のシーンをもみることができた。このようにして加工された肉が税として京に運ばれたり、一般に流通していたのであろう。

第30図　「元暁絵」の猪（高山寺所蔵、写真提供：京都国立博物館）

猪や豚の入手については、先にもふれたように飼育ないし飼養といった方法がとられていたことが推測できるが、野生の猪や鹿などについては猟師により捕獲されていたことは確かであろう。第二章二「王の狩り――その残照――」で書いたように、平安末から鎌倉初期に成立したとされる『今昔物語集』や『宇治拾遺物語』では、「数たの犬を飼ひて、山に入て猪・鹿を犬にくひ殺さしめてとる事を業としける」あるいは「猪のししといふものの（中略）殺し取り、食ふことを役とする」猟師が登場していた。さらに『粉河寺縁起絵巻』では、この寺の創建にかかわる猟師やその生活場面が描かれていた。やはり猟師という職業が成立しており、猪などの獣肉が食料となっていたのである。もちろん毛皮や薬としての胆を得ることも、大きな目的であったことはいうまでもない。

猪の肉が食用や薬用、さらには毛皮の利用といった目的に用いられていたことは中世でも同様であったと思われる。鎌倉時代に描かれた『華厳宗祖師絵伝』の「元暁絵《がんぎょうえ》」の編には、たいへん興味深いシーンが見受けられる（小松一九九〇）。魚・カモ・アヒルをはじめとした食料品や布など、さまざまなものが商われている市中のにぎわいの場面である。そこには人に引き連れられている親猪と、そのうしろに付き添う二匹の子猪が登場する（第30図）。親猪は牙が描かれていないこと、獰猛さが表現されていないことなどから、どうやら雌らしい。人に引かれる子連れの雌猪ということなら、野生のはずはない。これは人に養われた猪とみてよい。子猪にはウリ模様がわずかに残っている。このような薄いウリ縞は、生後三～四ヶ月のやや成長した「ウリボウ」の特徴でもあり、実にリアルな表現でもある。絵画中には猪を引っぱる男の言葉として、「いつまでおれがすまわんとて」という絵詞が入っている。小松氏は「いつまで己が住まわんとて」と解釈されている。つまり「いつまでも飼うわけではない」というような意味になり、これから売りに出されることを示しているのではないだろうか。

この市井のシーンが描かれた背景では、猪の飼育ないし飼養が行なわれていたのである。物語りの舞台は、高僧「元暁」が活躍した七世紀の新羅国という設定である。従ってこの猪を市場につれていく情景も異国での出来事ということになる。しかしこれが描かれたのは、日本国内である。この絵伝は、京都高山寺を開いた明恵が中国に伝わる「宋高僧伝」を翻訳、その同法者の恵日房忍が描き、詞書も高山寺の僧が書いたものと、編者の小松茂美氏は考察した。つまりこの絵巻は十三世紀前半に我が国にて成立したことになる。絵画手法には、宋画の影響を受けながらも随所に大和絵の特徴がみられるという。登場人物や建物を描くにあたって、異国の資料にあたっていることはいうまでもなかろう。人に引かれる子連れ猪の情景も、中国や新羅のデータをもとに描かれた可能性もあるが、絵師が活躍した鎌倉時代前半期の京の様子と考えてもよいのではないか。ウリ模様が消えかかる成長中の子猪の特徴などは、実際に目にした者にしか描けないと思われる。猪が市場で取り引きされること、その目的の一つはやはり食肉ではなかったろうか。

「殺生禁断」「肉食禁忌」の風潮の中でも、獣肉が食用になっていたことは確かであろう。先にふれた諏訪大社の「鹿食免」の背景に流れる独特の理論もそれを物語っている。

一部の動物を除き肉食が禁じられ、忌諱されもしていた江戸時代にあっても、庶民はたくましく猪や鹿を食べていた。歌川広重の浮世絵『名所江戸百景』「びくにはし雪中」には「山くじら」という店看板が描かれている。猪を海産物の一つとみなし、食していたことはよく知られている。幕末に江戸を訪れたスイスの遣日使節団長アンベールの著書『アンベール幕末日本絵図』（高橋一九九二）中には一行の絵師が描いた獣肉屋が掲載され、ここにも「山くじら」という看板が描かれている。文章でも「猪」「鹿」「熊」などを扱っていることが紹介されている。絵や文章にはいささか誇張がみられるものの、食肉として獣が扱われることが堂々と行なわれるようになっていたことがわかる。天保八年頃から慶応三年頃までの世の中のことが書かれている喜多川守貞の『守貞謾稿』にも、「麹町ニ、獣店ト云テ、一戸アルノミナリシガ、近年諸所賣之。横浜開港前ヨリ、所々豕ヲ畜ヒ、開港後弥々多ク、又、獣肉店民戸ニテ賣之コト専也」とある（朝倉、柏川編一九九二）。

豚についてのことであるが、先にふれた佐藤信淵の著書『経済要録』には「家は近来世上に此を飼ふもの頗る多し、（中略）食物を清浄にして畜たる者は其味極めて上品なること、他の獣肉の能く及ぶ所に非ず」と書かれており、豚の飼育や肉食が広まっていたことが理解できる。それより以前の寛政七年刊行の橘南谿『東西遊記』には広島城下のこととして「其の町にぶた多し。形牛の小さきがごとく、肥えふくれて色黒く、毛はげてふつつかなるものなり。他国にては珍しき物なり。長崎にもあれどもすくなし。是は彼地食物のようにするゆえに、多からずと覚ゆ」とも記されている（橘南谿著、宗政五十緒校注一九八七）。これらの記録類からみて、江戸時代でも一部では肉食が行なわれていたことが理解できる。

庶民の生活だけでなく、大名屋敷ではさらに多くの獣が食されていたらしい。港区芝にあった江戸薩摩藩邸の発掘調査では、二千点を越える獣骨が出土しており、その内の約六割を占める千二百十二点（最小個体数で百四十六個体）が猪類（猪ないし豚）の骨ということであった（西本他二〇〇二）。以下、西本氏らの成果を紹介してみよう。年齢構成は、一歳半未満が四十一パーセントを占めるということで、若い個体すなわち肉が柔らかい段階で屠殺されたことになる。骨には解体痕も残ることも含め、やはり食用に供されていたことが考えられている。頭の骨の観察から、猪よりも短頭化が進み、しかも歯周病や骨増殖などが認められる個体もあることから、これらは飼育された「豚」であるとみられている。頭骨の大きさからは大小二種類の豚があり、さらにそれらの特徴を持たない猪あるいは豚の頭骨も確認できたという。先に引用した佐藤信淵『経済要録』には「薩侯の邸中に飼處なる白毛豕は、其味殊更上品にして、食物も亦法に叶へり」と書かれており、薩摩藩の邸内にて豚が飼われていたことが紹介されている。発掘調査では、猪類に次いで多いのが鹿であり、犬・猫・馬と続いている。鹿が全体の二十三パーセントを占めているが、これらは狩りにより捕獲されたものが持ち込まれたものであろう。猪類の中でも、家畜化の特徴を持たない大形の頭骨は、鹿と同様に野生の猪が含まれている可能性はある。

なお、大変興味深いことに、これらの動物の骨が出土する割合が年代によって異なることである。一六〇〇年代という江戸時代前期の頃では、鹿と並んで犬の比率が高い。それが一七〇〇年代に入ると猪類が急増し、さらに一八〇〇年代では八割を越えている。犬はペットとして飼われていたり鷹の餌になっていたことが知られており、かならずしも人が食用にしていたとは限らない。しかし江戸時代当初は犬を食べることが相当行なわれていたようで、伊勢藤堂藩、尾張藩、会津藩では牛などの動物とともに犬殺しや犬食を禁ずる旨の条文が出されているように（塚本一九九三）、各地にて禁令が度々発せられていることからもわかる。最終的には有名な「生類憐みの令」により犬食が減ったことになる。その反面、猪類を食べることが一部の地域や大名屋敷にて行なわれていたことも推測できよう。

但し薩摩藩でのような事例が一般的であったとは限らない。仙台藩や会津藩の屋敷があった汐留遺跡では猪類は非常に少なく、犬や猫といった愛玩動物及び鹿の比率が高い。このことから西本氏は、大名の出身地域・石高・屋敷の立地条件などが、出土する動物骨に反映されていることを指摘している。

以上のことから、一部ではあるものの猪や豚が食用として用いられていたことがわかる。仏教導入後の肉食禁忌という考え方も、地域、階級、時代により微妙な違いがあり、程度に差はあるものの猪類の食用は続いていたのである。明治以降肉食普及に伴い、猪や豚の利用はさらに増加し現在に至っている。豚は食用家畜としてさらに改良が進み、一方では猪と豚との交配からイノブタが特産になっている地域もある。最近では野生獣の食害による駆除に伴って、鹿や猪を用いたジビエ料理も工夫され広がりつつある。先史時代以降現在に至るまで、猪あるいは猪類が食用に供される歴史は依然と続いているのである。

以上のように、古代以降にも薬用、祭祀用、そして食用にと猪や豚の活用は広いことが、各種の歴史資料から理解できよう。

考古編の最後に

この考古編では、縄文時代から弥生時代を経て、古代、中世、さらには一部近世に至るまでの人と猪とのかかわりをみてきた。つまるところ、それぞれの時代における「猪観」の把握でもあり、その変遷を探ってきたことにもなる。考古資料からは、縄文時代では土器を飾る猪造形にはじまり、猪形土製品や埋葬・埋納などの事例も多くみられた。これらのことから食料としての重要性はもちろん、増加期にはムラに出入りするとともに、さらには豊かなみのりを願う神としても縄文人の暮らしと深くかかわっていた猪の役割が推測できた。

稲作がはじまり、農作物への依存度が高まった弥生時代。猪は鹿とともに作物を荒す害獣としてとらえられる面が強まっていく。鹿が人に服従し、稲のみのりを約束する農耕の新たな神として出発するのに対して、猪はその獰猛さ強靭さ故、犬と猟師とにより退治される対象として一層の悪者ぶりを演ずることとなっていく。そこには、単に農作物を荒す害獣というよりも、銅鐸の祭りにまで登場する強烈な「退治されるべきもの」としての役割が与えられている。その背景として、縄文の神であった猪への反発も推測した。弥生の人々の「猪観」の表われでもある。「退治されるべきもの」あるいは「まつろわぬもの」という考え方は、古墳時代にはさらに明確になり、「王の狩り」の対象として古墳を取り巻く「狩猟埴輪」の重要な構成要素となっている。

一方、弥生時代には稲作とともに飼育された猪、すなわち「ブタ」が大陸からもたらされたという。食肉としての猪は、「ブタ」がその役割を担うようになり、加えてその骨は新たな祭祀にも用いられている。野生種、家畜種にかかわらずこれらの「猪類」は、弥生時代以降も古代、中世を通して、その時々の人々の暮らしに深くとけ込んでいたのである。本編では、このような事例を考古学のデータを中心に、古代の一部や中世では文献の事例も加えながら、紹介してきたところである。

しかし、農耕社会にあってやはり猪は作物を荒す「害獣」であることに変わりはない。もちろん、縄文時代でもこのような側面はあったに違いない。でも害獣としての意識が飛躍的に高まるのは、やはり耕作物への依存度が高まる弥生時代からなのであろう。この弥生以降、耕作にかかわる人々は猪害に悩まされることになる。

このような「猪害」の実情はどうであったのか。そして人々はどのような対応策を講じてきたのか。人と猪とのかかわりあいをつかむには、農作物にたいする「猪害」を抜きにして考えることはできない。

現在は、まさに「猪害」が顕著な時代でもあり、その対策は大きな課題ともなっている。現状での対策、そしてこれからの猪とのつきあい、それらを適切に考えるためには、過去の実情を知る必要がある。

実は、そのヒントは江戸時代にある。江戸時代には、猪害が周期的に押し寄せたことを物語るデータが多い。その時人々はどのような対策を考え、どのように実行したのか。後編ともいうべき「歴史編」ではこのような視点に立ち、江戸時代の実情を探るとともに、現代における課題などについて考えてみることとした。

従って本書『猪の文化史』は、「考古編」と「歴史編」とをあわせることにより、私なりに整理した人と猪とのかかわりの流れをみることができる。もとより日本史の全ての時代をとおしてあらゆるデータを集めたわけではなく、欠け落ちているもののほうが圧倒的に多いことも確かであろう。しかし、縄文時代から現代に至る猪の文化史を考える「一つの軸」を設定することができたのではないかと考えており、今後はこの軸に沿ってさらにデータを集めていきたいと思っている。

ところで、今回の「考古編」を執筆するにあたっては多くの方々からご指導・ご協力を戴くとともに貴重な資料の提供などでお力添えいただいた。特に実際の猪の観察については渡辺新平氏と小野正文氏とにお世話になった。渡辺氏宅には何度もお伺いし、猪の「はな子」飼養にかかわったさまざまなお話しをお聞きするとともに、その都度はな子やその子供達とふれあうことができた。縄文集落での猪とのつきあいを考えるヒントが、ここから生まれたと言ってもよいほどである。また小野氏宅においてもウリボウの「イーちゃん」と接することができ、さらに飼養の貴重な記録について教えていただいた。なお小野氏とは長年同じ職場にて互いに意見交換を行なった仲であり、氏の卓越した発想には得るところ大であった。特に縄文の猪については、氏の論文を参考にしたところは多い。

また編集／出版にあたっては株式会社雄山閣の羽佐田真一様と永井明沙子様にはいろいろとお手をわずらわせてしまった。そのお陰でコンパクトにまとまった「考古編」として刊行できたとともに、次の「歴史編」とのつながりについても、スムーズに移行できる運びとなった。この刊行の橋渡しについては、学生時代からご指導いただいてきた岡崎文喜氏のお世話になった。

最後に、資料提供をはじめご指導、ご協力いただいた多くの方々や機関について、文末ではあるがこの場をお借りし、ご芳名を記し感謝の意を表したい。

秋山道生、石神孝子、市川正史、今福利恵、大隅清陽、岡崎完樹、岡崎文喜、小川忠博、小野正文、金子浩昌、小林公明、小林広和、斎藤　隆、佐藤雅一、設楽博己、島崎弘之、島田恵子、神保孝造、末木　健、大工原豊、中山誠二、濱　慎一、原田昌幸、平林とし美、広瀬公明、保坂康夫、松浦宥一郎、村松佳幸、若狭　徹、和田晋治、安中市教育委員会、板橋区教育委員会、井戸尻考古館、伊那市教育委員会、岡山市教育委員会、京都国立博物館、高山寺、高崎市教育委員会、津南町教育委員会、東京都埋蔵文化財センター、富山県埋蔵文化財センター、原村教育委員会、富士見市立水子貝塚資料館、文化庁、北杜市教育委員会、山梨県立考古博物館、山梨県埋蔵文化財センター（敬称略／五十音順）

平成二十三年（二〇一一）五月

新津　健

参考文献

はじめに

小野正文　二〇〇七「縄文時代における猪飼養問題（2）」『山麓考古』二〇―武藤雄六さん喜寿記念号―山麓考古同好会（井戸尻考古館内）

第一部

阿部　恵・手塚　均　一九八六「埋葬された動物遺体について」『田柄貝塚』Ⅰ　遺構・土器編　宮城県教育委員会
江坂輝彌　一九六〇『土偶』校倉書房
大竹憲治　一九八四「縄文絵画土器と動物形土製品」『韮窪遺跡』青森県埋蔵文化財調査報告書第八四集　青森県教育委員会
大竹憲治　一九八三「縄文時代における動物祭祀遺構に関する二つの様相」『道平遺跡の研究』福島県大熊町教育委員会
大竹憲治・山崎京美　一九八三「骨折したイヌをいつくしんだ縄文人」『アニマ』一二一号　平凡社
大野　薫　二〇〇三「近畿地方の動物形土製品」『考古学ジャーナル』四九七号　ニュー・サイエンス社
大場磐雄・永峯光一・原　嘉藤　一九六三「長野県東筑摩郡四賀村井刈遺跡調査概報」『信濃』信濃史学会　一五巻一二号
忍澤成視　一九九五「祭祀関係土製品・石製品の出土状態」『市原市能満上小貝塚』財団法人市原市文化財センター調査報告書第五集
小野正文　一九八四「縄文時代における猪飼養問題」『甲府盆地―その歴史と地域性』地方史研究協議会　雄山閣出版
一九八九「土器文様解読の一研究方法」『甲斐の成立と地方的展開』角川書店
一九九二「イノヘビ―猪蛇装飾のある土器について―」『考古学ジャーナル』三四六号　ニュー・サイエンス社

小野美代子　二〇〇三「関東と周辺地域における動物形土製品」『考古学ジャーナル』四九七号　ニュー・サイエンス社
　二〇〇七「縄文時代における猪飼養問題（2）」『山麓考古』二〇―武藤雄六さん喜寿記念号―山麓考古同好会（井戸尻考古館内）
梶原　洋　一九九八「なぜ人類は土器を使いはじめたのか」『科学』六八巻四号　岩波書店
加藤晋平　一九八〇「縄文人の動物飼育―特にイノシシ問題について」『歴史公論』六巻五号　雄山閣出版
金子昭彦　二〇〇四「東北地方の動物形土製品」『考古学ジャーナル』五一五号　ニュー・サイエンス社
金子浩昌　一九八四「動物遺存体」『なすな原遺跡―No.1地区調査』なすな原遺跡調査会
金子浩昌　一九八九「金生遺跡出土の獣骨」『金生遺跡Ⅱ』縄文時代編　山梨県教育委員会
　一九九五「市原市能満上小貝塚出土の動物遺体」『市原市能満上小貝塚』財団法人市原市文化財センター調査報告書第五五集
北林八洲晴　一九八四「動物形土製品」『韮窪遺跡』青森県埋蔵文化財調査報告書第八四集　青森県教育委員会
工藤雄一郎　二〇〇九「土器の出現はいつ頃か?」『縄文はいつから!?』㈶歴史民俗博物館振興会
小島俊彰　一九九五「北陸生まれの縄文土器動物」『飛騨と考古学』飛騨考古学会二〇周年記念誌　飛騨考古学会
　一九九六「土器把手の表現―北陸の中期縄文土器に現われた動物たち」『中部高地をとりまく中期の土偶シンポジウム発表要旨』「土偶とその情報」研究会
小林公明　一九九一「世界観と神話像」『富士見町史』上巻　富士見町
小林謙一　二〇〇六「縄文土器の年代（東日本）」『総覧縄文土器』『総覧縄文土器』刊行委員会
小林広和　二〇〇三「蛇身捻装飾について」『山梨考古学ノート』田代孝氏退職記念誌刊行会
斎野裕彦　一九九九『動物デザイン考古学』地底の森ミュージアム平成十一年度特別企画展展示解説図録　仙台市富沢遺跡保存館
　二〇〇五「東北における動物形土製品・四肢獣形の変容・消滅」『北奥の考古学』葛西励先生還暦記念論文集刊行会

設楽博己　一九九六「つきあいのはじまり」『動物とのつきあい』企画展図録　国立歴史民俗博物館
嶋崎弘之　一九八〇「縄文中期の動物供犠」『どるめん』二七　ＪＩＣＣ出版局
島田恵子　二〇一〇『中原遺跡』小海町教育委員会
末木　健　二〇〇九「縄文時代の動物・人体文様を解く―豊穣と僻邪の祈り―」『山梨考古学論集』Ⅳ　山梨県考古学協会三〇周年記念論文集
関根真二　二〇〇三「黒曜石交易のトレードマーク―イノシシの付いた土器―」『ストーンロード―縄文時代の黒曜石交易―』安中市ふるさと学習館
芹沢長介　一九六八『石器時代の日本』築地書店
大工原豊　一九九八『中野谷松原遺跡』群馬県安中市教育委員会
高見俊樹　一九八三『穴場Ⅰ』諏訪市教育委員会他
田中　基　二〇〇六『縄文のメドゥーサ』現代書房
千葉徳爾　一九七五『狩猟伝承』法政大学出版局
土肥　孝　一九八一「動物の土偶と狩猟祭祀」『アニマ』九六号　平凡社
　一九八五「儀礼と動物―縄文時代の狩猟儀礼―」『季刊考古学』第一一号　雄山閣
東北学院大学民俗学ＯＢ会　一九九九『東北民俗学研究』六号
鳥居龍蔵　一九二四『諏訪史』（『鳥居龍蔵』第三巻　朝日新聞社、一九七六所収）
中村良幸　一九七九『立石遺跡』大迫町埋蔵文化財報告第三集　大迫町教育委員会
中山誠二　二〇一〇『植物考古学と日本の農耕の起源』同成社
中山誠二・長沢宏昌・保坂康夫・野代幸和　二〇〇九「レプリカ・セム法による圧痕土器の分析（３）―山梨県天神遺跡、酒呑場遺跡―」『研究紀要』第三集　山梨県立博物館
中山誠二・閏間俊明　二〇〇九「山梨県女夫石遺跡の縄文中期のマメ圧痕」『山梨考古学論集』Ⅳ　山梨県考古学協会三〇周年記念論文集

長岡文紀　二〇〇二『原口遺跡Ⅲ』縄文時代（第二分冊　本編二）　財団法人かながわ考古学財団
新津　健　一九八五「縄文時代後晩期における焼けた獣骨について」『日本史の黎明』八幡一郎先生頌寿記念考古学論集　六興出版
二〇〇三「上の平遺跡出土の動物装飾付土器とその周辺」『研究紀要』一九　山梨県立考古博物館・山梨県埋蔵文化財センター
二〇〇七「土器を飾る猪」『研究紀要』二三　山梨県立考古博物館・山梨県埋蔵文化財センター
二〇〇九「縄文時代の猪形土製品」『山梨考古学論集』Ⅳ　山梨県考古学協会三〇周年記念論文集
二〇〇九「猪幼獣覚書」『考古学と地域文化』一山典還暦記念論集
西田正規　一九九五「農耕は人類の知恵の所産か？」『農耕と文明』講座［文明と環境］三　朝倉書店
二〇〇七『人類史のなかの定住革命』講談社
西本豊弘　一九八九「下郡桑苗遺跡出土の動物遺体」『下郡桑苗遺跡』大分県教育委員会
二〇〇九「取掛西貝塚の動物」『縄文はいつから!?』(財)歴史民俗博物館振興会
丹羽百合子　一九八三「解体・分配・調理」『縄文文化の研究』二（生業）　五二号　雄山閣出版
春成秀爾　一九九五「熊祭りの起源」『国立歴史民俗博物館研究報告』第六〇集　国立歴史民俗博物館
林田重幸　一九七一「猪と豚そして日本民族」『考古学ジャーナル』五二号　ニュー・サイエンス社
藤沼邦彦　一九九七「土器にみる動物意匠」『縄文の土偶』歴史発掘三　講談社
藤森栄一　一九七六『縄文農耕』学習研究社
福田友之　二〇〇一「狩猟文土器・動物形内蔵土器」『考古学ジャーナル』四六八号　ニュー・サイエンス社
保坂康夫・野代幸和・長沢宏昌・中山誠二　二〇〇八「山梨県酒呑場遺跡の縄文時代中期の栽培ダイズ」『研究紀要』二四　山梨県立考古博物館・山梨県埋蔵文化財センター
松山義雄　一九七八『狩りの語部』法政大学出版局
宮城県教育委員会　一九六八『埋蔵文化財第二次緊急発掘調査概報―西の浜貝塚』宮城県文化財調査報告書第六集

宮崎重雄　一九八〇「群馬県桐生市千網谷戸遺跡星野昭司宅内1号住居跡出土の獣骨類」『千網谷戸遺跡発掘調査報告一九七八』千網谷戸遺跡発掘調査会
宮脇　昭　一九七一『植物と人間—生物社会のバランス—』NHKブックス一〇九　日本放送出版協会
山田康博　一九九七「縄文家犬用途論」『動物考古学』八　動物考古学研究会
山田芳和　一九八六『真脇遺跡』能都町教育委員会・真脇遺跡発掘調査団
山梨県立考古博物館　一九八三　第一回特別展図録『土偶』一千の女神が語る縄文時代のくらしと祈り
山本正敏　一九八三「イノシシを形どった注口土器」『埋文とやま』創刊号　富山県埋蔵文化財センター
吉田敦彦　一九八七『縄文の神話』青土社
渡辺　誠　一九六八「日本列島における土器出現の背景をめぐって」『古代文化』二〇巻八号　㈶古代学協会
一九八七「日韓におけるドングリ食と縄文土器の起源—韓国における考古民族学的研究・二—」『名古屋大学文学部研究論集XCVIII』史学三三
和田晋治　二〇一〇『縄文土器と動物装飾』平成二十一年度企画展　富士見市立水子貝塚資料館

第二部

相川龍雄　一九三一「猪を負ふ狩猟者の埴輪」『考古学雑誌』二一巻一一号　考古学会
秋本吉郎校注　一九五八「出雲国風土記」「播磨国風土記」「豊後国風土記」『風土記』日本古典文学大系二　岩波書店
朝倉治彦・柏川修一編　一九九二『守貞謾稿』東京堂出版
鋳方貞亮　一九四五『日本古代家畜史』河出書房
石野博信　一九九二「総論」『古墳時代の研究』九　古墳　三　埴輪　雄山閣出版
井本英一　一九九〇『王権の神話』法政大学出版局
梅宮　茂　一九七六「東北地方の装飾古墳私考」『東北考古学の諸問題』東北考古学会
扇崎　由・安川　満　一九九五「岡山市南方（済生会）遺跡のイノシシ類下顎骨配列」『動物考古学』五　動物考古学

研究会
大島健彦校注　一九九五『宇治拾遺物語』新潮日本古典集成　新潮社
大塚初重　二〇〇四「古代東国の壁画古墳とその問題点」『東アジアの装飾古墳を語る』雄山閣
小野正文　一九九五「土鈴と土偶と縄文文化」『比較神話学の展望』青土社
書上元博　一九九八「女性はにわは何を語りかけるか」『女性はにわ』埼玉県立博物館
唐津市教育委員会　一九八二年『菜畑遺跡』唐津市文化財調査第五集
倉野憲司校注　一九六八『古事記』岩波書店
来栖　健　二〇〇四『日本人とオオカミ』雄山閣
車崎正彦　一九九九「東国の埴輪」『はにわ人は語る』国立歴史民俗博物館
黒板勝美編　一九五二『続日本紀』吉川弘文館
黒板伸夫・森田　悌編　二〇〇三『日本後紀』集英社
群馬県立博物館　一九八六　第二四回企画展『人と動物の歴史　狩り』
後藤守一　一九三一「埴輪の意義」『考古学雑誌』二一巻一号　考古学会
小林行雄　一九六〇　図版解説『図説世界文化史体系』第二〇巻　角川書店
小松茂美　一九八七『粉河寺縁起』日本の絵巻五　中央公論社
一九九〇『華厳宗祖師絵伝（華厳縁起）』続日本の絵巻八　中央公論社
近藤義郎　一九六〇「東国の埴輪」『図説世界文化史体系』第二〇巻　角川書店
佐伯有清　一九七七「日本古代の猪養」『どるめん』一四―動物飼育の文化―　ＪＩＣＣ出版局
坂本太郎他校注　一九六五『日本書紀　下』日本古典文学大系六八　岩波書店
佐藤信淵著・滝本誠一校訂　一九六九『経済要録』岩波文庫
佐原　真　一九七三「銅鐸の絵物語」『銅鐸の考古学』二〇〇二所収　東京大学出版局
一九八七「家畜のベルから祭りのベルへ」『銅鐸の考古学』二〇〇二所収　東京大学出版局

一九九六「祭りのカネ銅鐸」『歴史発掘』八　講談社
諏訪史料叢書刊行会　一九二四『諏訪史料叢書』巻一
高橋邦太郎訳　一九九二『アンベール幕末日本図絵』下　新異国叢書一五　雄松堂出版
橘　南谿著・宗政五十緒校注　一九八七『東西遊記』二　東洋文庫二四九　平凡社
千賀　久　一九九一『はにわの動物園』二　橿原考古学研究所附属博物館
塚本　学　一九九三『生類をめぐる政治』平凡社
寺沢　薫　一九九四「鷺と魚とシャーマンと―銅鐸の図像考（Ⅰ）―」『考古学と信仰』同志社大学考古学シリーズ六
戸川　点　一九九五「釈奠における三牲」『律令国家の政務と儀礼』吉川弘文館
虎尾俊哉編　二〇〇〇『延喜式』上　集英社
　二〇〇七『延喜式』中　補注　集英社
新津　健　一九八六「山梨における縄文文化の伝統と消滅」『山梨考古学論集』Ⅰ　山梨県考古学協会
　二〇〇七「埴輪・猪・狩猟考」『地域の多様性と考古学』青柳洋治先生退職記念論文集　雄山閣
西谷　正　二〇〇四「北部九州の装飾古墳とその展開」『東アジアの装飾古墳を語る』雄山閣
西本豊弘　一九八九「下郡桑苗遺跡出土の動物遺体」『下郡桑苗遺跡』大分県教育委員会
　二〇〇二「江戸薩摩藩邸の動物」『江戸動物図鑑』開館二〇周年記念特別展　港区立郷土資料館
橋本博文　一九九三「埴輪の語るもの」『はにわ』群馬県立博物館
八戸市史編さん委員会　一九八〇、一九八二『八戸市史』史料編近世八、近世十
林田重幸　一九七一「猪と豚そして日本民族」『考古学ジャーナル』五二号　ニュー・サイエンス社
春成秀爾　一九九一「角のない鹿」『日本における初期弥生文化の成立』横山浩一先生退官記念論文集Ⅱ
　一九九三年「豚の下顎骨懸架」『国立歴史民俗博物館研究報告』第五〇集　国立歴史民俗博物館
日高　慎　一九九九「大阪府守口市梶2号墳出土の狩猟場面を表現した埴輪群」『駆け抜けた人生　笠原勝彦君追悼文集』
松山義雄　一九七八『狩りの語部』法政大学出版局

水野正好　一九七一「埴輪芸能論」『古代の日本』角川書店
三輪磐根　一九七八『諏訪大社』学生社
森　正人校注　二〇〇一『今昔物語集　五』新日本古典文学大系三七　岩波書店
森田喜久男　一九八八「日本古代の王権と狩猟」『日本歴史』四八五　吉川弘文館
若狭　徹　一九九〇『保渡田Ⅶ遺跡』群馬町教育委員会
二〇〇〇『保渡田八幡塚古墳』群馬町教育委員会
二〇〇〇「保渡田八幡塚古墳の埴輪群像を読み解く」『第7回特別展はにわ群像を読み解く』かみつけの里博物館
若松良一　一九九七「動物埴輪の起源」『動物はにわコレクション』栃木県立しもつけ風土記の丘資料館
渡辺　誠　一九八二「動物遺体１・哺乳類」『菜畑遺跡』唐津市文化財調査第五集

図版出典

第一部

第1図　関根慎二　二〇〇三「黒曜石交易のトレードマーク―イノシシの付いた土器―『ストーンロード―縄文時代の黒曜石交易―』安中市ふるさと学習館

第2図　島田恵子　二〇一〇『中原遺跡』縄文時代前期後半の集落調査　小海町教育委員会

第3図　1 山梨大学考古学研究会　一九八一『御所遺跡―第2次発掘調査報告書―』山梨大学考古学研究会調査報告第二集、2 山梨県教育委員会　一九九一『獅子之前遺跡』山梨県埋蔵文化財センター調査報告書第六一集、3・4 山梨県教育委員会　二〇〇三『大木戸遺跡』山梨県埋蔵文化財センター調査報告書第二〇五集、5・6 山梨県教育委員会　一九九四『天神遺跡』山梨県埋蔵文化財センター調査報告第九七集

第4図　1 室岡博　一九六〇『鍋屋町遺跡』柿崎町教育委員会（一九八四、復刻版）掲載の写真から作図、2 山田芳和　一九八六『真脇遺跡』能都町教育委員会・真脇遺跡発掘調査団、3～5 長岡文紀　二〇〇二『原口遺跡Ⅲ』縄文時代（第二分冊　本編二）財団法人かながわ考古学財団、6 戸沢充則・鶴丸俊明　一九八二『多聞寺前遺跡Ⅰ』東京都建設局・多門寺前遺跡調査会、7 山梨県教育委員会　二〇〇三『大木戸遺跡』山梨県埋蔵文化財センター調査報告書第二〇五集、8 山梨県教育委員会　二〇〇四『酒呑場遺跡』山梨県埋蔵文化財センター調査報告第二一六集、9 豊富村誌編纂委員会　二〇〇〇『豊富村誌』、10 小島俊彰　一九九六「土器把手の表現―北陸の中期縄文土器に現われた動物たち」『中部高地をとりまく中期の土偶　シンポジウム発表要旨』「土偶とその情報」研究会、10 青森県教育委員会　一九八二『韮窪遺跡』青森県埋蔵文化財調査報告書　第八四集、11・12 山梨県教育委員会　一九八七『釈迦堂Ⅱ』山梨県埋蔵文化財センター調査報告書第二一集

第5図　1 小林広和　二〇〇三「蛇身捻装飾について」『山梨考古学ノート』田代孝氏退職記念誌刊行会、2 県営ほ場整備事業大田切地区埋蔵文化財調査会　一九七七『丸山南遺跡』駒ヶ根市教育委員会他、拓本は設楽博己氏提供、3 富士見市教育委員会　一九八五『羽沢遺跡』、4 清瀬市教育委員会　一九八二年『野塩前原』清瀬市文化財報告Ⅰ

第6図　新津　健　二〇〇三「上の平遺跡出土の動物装飾付土器とその周辺」『研究紀要』一九　山梨県立考古博物館
第7図　1上川名昭　一九七一『甲斐北原・柳田遺跡の研究』、2西桂町教育委員会　一九九三『宮の前遺跡発掘調査報告書』、3諏訪市教育委員会他　一九八三『穴場1』、4〜6綿田弘実　一九九九「長野県富士見町札沢遺跡出土の釣手土器」『長野県立歴史館研究紀要』五、7都営川越道住宅遺跡調査団　一九九九『武蔵台東遺跡』
第8図　宮川村埋蔵文化財調査室　一九九六『堂ノ前遺跡発掘調査報告書』宮川村教育委員会
第9図　1・3中村良幸　一九七九『立石遺跡』大迫町埋蔵文化財報告第三集　大迫町教育委員会、2福田友之　一九九九「青森県域出土の先史動・植物意匠遺物」東北学院大学民俗学ＯＢ会『東北民俗学研究』六号、4阿部博志　一九九九「宮城県出土の縄文時代の動物形土製品」東北学院大学民俗学ＯＢ会『東北民俗学研究』六号、5埼玉県埋蔵文化財調査事業団　一九九〇『雅楽谷遺跡』埼玉県埋蔵文化財調査事業団調査報告書第九三集、6財団法人市原市文化財センター　一九九五『市原市能満上小貝塚』財団法人市原市文化財センター調査報告書第五五集、7財団法人市原市文化財センター　二〇〇六『平成十八年度企画展「開園！印旛動物園」いにしえの動物たち』より作成、8佐藤智雄　一九九九「北海道の動植物を意匠する製品」東北学院大学民俗学ＯＢ会『東北民俗学研究』六号、9江坂輝彌　一九四九「福島県飯坂町発見の猪形動物土偶」『考古学集刊』第二冊　あしかび書房
第10図　1福田友之　一九九九「青森県域出土の先史動・植物意匠遺物」東北学院大学民俗学ＯＢ会『東北民俗学研究』六号、2青森県教育委員会　二〇〇四『長久保（2）遺跡』青森県埋蔵文化財調査報告書第三六九号、3越川欣和「上谷遺跡出土の土偶・動物形土製品・土製品」『千葉県八千代市上谷遺跡（仮称）八千代カルチャータウン開発事業関連埋蔵文化財調査報告書二―第五分冊―八千代市遺跡調査会、4東京都埋蔵文化財センター　一九九三『多摩ニュータウン遺跡』平成三年度　東京都埋蔵文化財センター調査報告第一五集、5山梨市教育委員会　二〇〇八『高畑遺跡』山梨市文化財調査報告八集、6戸沢充則　一九七三『岡谷市史』上巻　第一編原始古代の岡谷　岡谷市役所、7八王子市南部地区遺跡調査会　一九八八『南八王子地区遺跡調査報告』五、8山梨県教育委員会　一九七八『釈迦堂』Ⅱ　山梨県埋蔵文化財センター調査報告第二一集
第11図　新津　健　二〇〇九「縄文時代の猪形土製品」『山梨考古学論集』Ⅳ　山梨県考古学協会

第12図　栃木県教育委員会　一九九九『藤岡神社遺跡』栃木県埋蔵文化財調査報告第一九七集
第13図　青森県教育委員会　一九八四『韮窪遺跡』青森県埋蔵文化財調査報告書第八四集
第14図　1福田友之　一九九九「青森県域出土の先史動・植物意匠遺物」東北学院大学民俗学OB会『東北民俗学研究』六号、2青森県埋蔵文化財調査センター　一九八八『上尾駮（2）遺跡・（B・C地区）発掘調査報告書』青森県埋蔵文化財調査報告書第一一五集
第15図　山梨県教育委員会　一九八九『金生遺跡』Ⅱ（縄文時代編）山梨県埋蔵文化財センター調査報告書第四一集
第16、17図　宮城県教育委員会　一九八六『田柄貝塚』Ⅰ　遺構・土器編　宮城県文化財調査報告書第一一一集
第18図　宮城県文化財保護協会　一九七九『前浜貝塚』宮城県本吉町文化財調査報告書第二集
第19図　㈶総南文化財センター　二〇〇三『千葉県茂原市下太田貝塚』
第20図　千葉県文化財センター　一九九二『小見川町白井大宮台貝塚確認調査報告書』平成三年度　千葉県教育委員会
第21図　大工原豊　一九九八『中野谷松原遺跡』群馬県安中市教育委員会

第二部

第22図　唐津市教育委員会　一九八二『菜畑遺跡』唐津市文化財調査第五集
第23図　扇崎　由・安川　満　一九九五「岡山南方（済生会）遺跡のイノシシ類下顎骨配列」『動物考古学』五　動物考古学研究会
第24、25図　若林勝邦　一八九一「鉄鐸及ビ銅鐸ノ表面ニアル浮文（石版図附）」『東京人類学会雑誌』七巻六七号
第26図　春成秀爾・佐原　真　一九九七「銅鐸絵画集成」『銅鐸の絵を読み解く』国立歴史民俗博物館
第27図　若狭　徹　一九九〇『保渡田Ⅶ遺跡』群馬町教育委員会
第28図　1若狭　徹　二〇〇〇『保渡田八幡塚古墳』群馬町教育委員会、2市原市文化財センター　一九八七『御蓙目浅間神社古墳』、3富成哲也　一九七八「大阪府昼神車塚古墳」『日本考古学年報』
第29図　梅宮　茂　一九七六「東北地方の装飾古墳私考」『東北考古学の諸問題』東北考古学会
第30図　高山寺所蔵／写真提供・京都国立博物館

著者紹介
新津　健（にいつ　たけし）
＜著者略歴＞
1949年、山梨県に生まれる。上智大学大学院文学研究科史学専攻修了。山梨県立考古博物館副館長、山梨県埋蔵文化財センター所長を歴任。現在は山梨県教育庁学術文化財課非常勤嘱託。専攻は考古学。先史時代から現代にいたる人とモノとの関係を、歴史学、民俗学の成果も取り入れながら考えることを目指している。

＜主要著書・論文＞
『新版山梨の遺跡』山梨県考古学協会編（共同執筆、山梨日日新聞社、1998）、「縄文晩期集落の構成と動態」『縄文時代』3（縄文時代文化研究会、1992）、「弋射・弾弓考」『甲斐の美術・建造物・城郭』（岩田書院、2002）、「埴輪・猪・狩猟考」『地域の多様性と考古学』（雄山閣、2007）など。

2011年5月25日　初版発行　《検印省略》

◇生活文化史選書◇
猪《いのしし》の文化《ぶんか》史《し》 考古編《こうこへん》
—発掘資料《はっくつしりょう》などからみた猪《いのしし》の姿《すがた》—

著　者　新津　健
発行者　宮田哲男
発行所　株式会社 雄山閣
〒102-0071　東京都千代田区富士見2-6-9
TEL　03-3262-3231 / FAX　03-3262-6938
URL　http: //www.yuzankaku.co.jp
e-mail　info@yuzankaku.co.jp
振　替：00130-5-1685
印　刷　松澤印刷株式会社
製　本　協栄製本株式会社

ISBN978-4-639-02182-7 C0321
N.D.C.210　186p　21cm

生活文化史選書　好評既刊　　雄山閣

闇のコスモロジー

魂と肉体と死生観

狩野敏次 著

価格：￥2,730（税込）

202頁／A5判　ISBN：978-4-639-02173-5

私たちの傍らに存在する闇は別の世界へと通じている。
——闇と人、魂と肉体の関係から現代に通じる死生観に迫る。

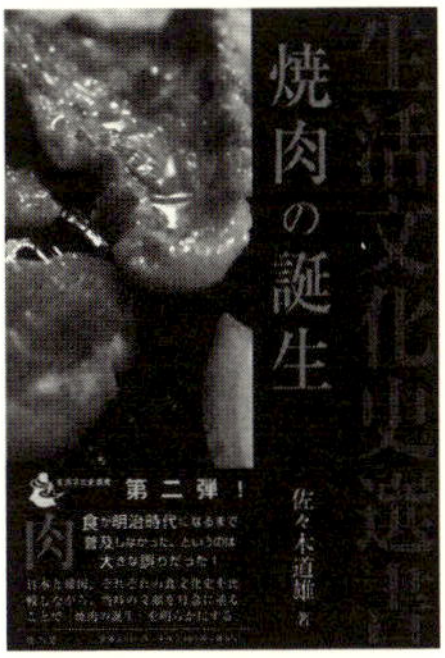

焼肉の誕生

佐々木道雄 著

価格：￥2,520（税込）

180頁／A5判　ISBN：978-4-639-02175-9

日本と韓国、それぞれの食文化史を比較しながら、当時の文献を丹念に辿ることで「焼肉の誕生」を明らかにする。

◆次回配本予定◆

猪の文化史　歴史編——文献からたどる猪と人

新津　健 著　（予価：2,520円）

■関連書籍

新訂 九州縄文土器の研究／小林久雄著・『九州縄文土器の研究』再版刊行会編 A5判 7980円（税込）

明治大学日本先史文化研究所 先史文化研究の新視点Ⅱ
移動と流通の縄文社会史／阿部芳郎編 A5判 2940円（税込）

シリーズ縄文の多様性Ⅱ
葬墓制／雄山閣編集部編 A5判 5880円（税込）

明治大学日本先史文化研究所 先史文化研究の新視点Ⅰ
東京湾巨大貝塚の時代と社会／阿部芳郎編 A5判 3150円（税込）

■好評既刊

帝国陸軍 高崎連隊の近代史 下巻 昭和編／前澤哲也著 A5判 5250円（税込）

渋谷学叢書2
歴史のなかの渋谷―渋谷から江戸・東京へ―／上山一夫編著 A5判 3570円（税込）

黒タイ年代記―『タイ・プー・サック』―／樫永真佐夫著 A5判 6510円（税込）

文楽の家／竹本源大夫・鶴澤藤蔵編 四六判 2100円（税込）

泰緬鉄道―機密文書が明かすアジア太平洋戦争―／吉川利治著 A5判 2310円（税込）